乡村振兴·农民培训精品教材

动物疫病防治员

李 宏 程国奎 巩俊明 ◎ 主编

中国农业科学技术出版社

图书在版编目（CIP）数据

动物疫病防治员 / 李宏，程国奎，巩俊明主编 .—北京：中国农业科学技术出版社，2020. 9（2021.7 重印）

ISBN 978-7-5116-4911-9

Ⅰ. ①动…　Ⅱ. ①李…②程…③巩…　Ⅲ. ①兽疫-防治-基本知识　Ⅳ. ①S851. 3

中国版本图书馆 CIP 数据核字（2020）第 144680 号

责任编辑　金　迪　崔改泵
责任校对　贾海霞

出 版 者　中国农业科学技术出版社
　　　　　北京市中关村南大街 12 号　邮编：100081
电　　话　(010)82109194(编辑室)　(010)82109702(发行部)
　　　　　(010)82109709(读者服务部)
传　　真　(010)82109698
网　　址　http://www.castp.cn
经 销 者　各地新华书店
印 刷 者　中煤(北京)印务有限公司
开　　本　880mm×1 230mm　1/32
印　　张　4. 5
字　　数　117 千字
版　　次　2020 年 9 月第 1 版　2021 年 7 月第 3 次印刷
定　　价　30. 80 元

《动物疫病防治员》

编 委 会

前　言

中国是世界的畜牧业大国，肉类总产量居世界第一，畜产品具有明显的价格优势。但我国肉类出口量仅占世界肉类出口总量的3.6%，动物疫病是影响我国畜牧业持续发展和畜产品国际竞争力的主要因素之一。为贯彻落实《国家中长期动物疫病防治规划（2012—2020年）》，切实做好2020年全国动物疫病强制免疫工作，农业农村部根据《中华人民共和国动物防疫法》等法律法规和政策，制定了《2020年国家动物疫病强制免疫计划》。

本书重点介绍了畜禽疫病综合防治技术，内容包括畜（禽）舍卫生消毒、预防接种、病料的采集与运输、药品与医疗器械、临床观察与给药、动物阉割、患病动物的处理等内容，本书内容通俗易懂，实用性强，既可作为畜牧兽医工作者的参考用书，同时，更是广大畜禽养殖户的工具书，可供生产实践中阅读使用。

编　者

目　　录

第一章　畜（禽）舍卫生消毒

第一节　消毒液的配制

一、常用消毒药品及其使用

（一）甲醛

是一种广谱杀菌剂，对细菌、芽孢、真菌和病毒均有效。浓度为35%~40%的甲醛溶液称为福尔马林。

1. 用于室内、器具的熏蒸消毒

（1）浓度。密闭的圈舍按每立方米7~21g高锰酸钾加入14~42mL福尔马林。

（2）作用温度（室温）。一般不应低于15℃。

（3）相对湿度。60%~80%。

（4）作用时间。7h以上。

2. 用于地面消毒

浓度为2%甲醛的水溶液，用于地面消毒，用量为每100m^{2}施用13mL。

（二）含氯消毒剂

无机氯如漂白粉、次氯酸钠、次氯酸钙等，有机氯如二氯异氰尿酸钠、三氯异氰尿酸、氯胺等。

1. 漂白粉

（1）用途。主要用于圈舍、饲槽、用具、车辆的消毒。

（2）使用浓度。一般使用浓度为5%～20%混悬液喷洒，有时可撒布其干燥粉末。饮水消毒每升水中加入0.3～1.5g漂白粉，可起杀菌除臭作用。

（3）注意事项。①漂白粉现用现配，贮存久了有效氯的含量逐渐降低。②不能用于有色棉织品和金属用具的消毒。③不可与易燃、易爆物品放在一起，应密闭保存于阴凉干燥处。④漂白粉有轻微毒性，使用浓溶液时应注意人畜安全。

2. 二氯异氰尿酸钠

是一种广谱消毒剂，对细菌繁殖体、病毒、真菌孢子和细菌芽孢都有较强的杀灭作用。

（三）醇类消毒剂

（1）用途。常用于皮肤、针头、体温计等消毒，用作溶媒时，可增强某些非挥发性消毒剂杀灭微生物的作用。

（2）使用浓度。70%乙醇可杀灭细菌繁殖体；80%乙醇可降低肝炎病毒的传染性。

（3）注意事项。本品易燃，不可接近火源。

（四）酚类消毒剂

包括六氯酚、煤酚皂等。

（1）用途。主要用于畜舍、笼具、场地、车辆消毒。

（2）使用浓度。一般使用浓度为0.35%～1%的水溶液，严重污染的环境可适当加大浓度，并增加喷洒次数。

（3）注意事项。本品为有机酸，禁止与碱性药物混合。

（五）过氧化物类

有过氧化氢、环氧乙烷、过氧乙酸、二氧化氯、臭氧等，其理化性质不稳定，但消毒后不留残毒是它们的优点。

1. 环氧乙烷

（1）用途。常用于大宗皮毛的熏蒸消毒。

（2）使用浓度。常用消毒浓度为400~800mg/m^3。

（3）注意事项。①环氧乙烷易燃、易爆，对人有一定的毒性，一定要小心使用。②气温低于15℃时，环氧乙烷不起作用。

2. 过氧乙酸

（1）用途。除金属制品外，可用于消毒各种产品。

（2）使用浓度。0.5%水溶液喷洒消毒畜舍、饲槽、车辆等；0.04%~0.2%水溶液用于塑料、玻璃、搪瓷和橡胶制品的短时间浸泡消毒；5%水溶液2.5mL/m^3喷雾消毒密闭的实验室、无菌间、仓库等；0.3%水溶液30mL/m^3喷雾，可作10d以上雏鸡的带鸡消毒。

（3）注意事项。①市售成品40%的水溶液性质不稳定，须避光低温保存。②现用现配。

（六）双胍类化合物

如氯己定（洗必泰），0.05%~0.1%可用作口腔、伤口防腐剂；0.5%洗必泰乙醇溶液可增强其杀菌效果，用于皮肤消毒；0.1%~4%洗必泰溶液可用于洗手消毒。

（七）含碘消毒剂

（1）用途。常用于皮肤消毒。

（2）使用浓度。2%的碘酊、0.2%~0.5%的碘伏常用于皮肤消毒；0.05%~0.1%的碘伏用于伤口、口腔消毒；0.02%~0.05%的碘伏用于阴道冲洗消毒。

（八）高锰酸钾

（1）用途。常用于伤口和体表消毒。

（2）使用浓度。为强氧化剂，0.01%~0.02%溶液可用于冲洗伤口；福尔马林加高锰酸钾用于熏蒸，适用于物体表面消毒。

（九）烧碱

（1）用途。用于圈舍、饲槽、用具、运输工具等的消毒。

（2）使用浓度。1%～2%的水溶液用于圈舍、饲槽、用具、运输工具的消毒；3%～5%的水溶液用于炭疽芽孢污染场地的消毒。

（3）注意事项。①对金属物品有腐蚀作用，消毒完毕用水冲洗干净。②对皮肤、被毛、黏膜、衣物有强腐蚀和损坏作用，注意个人防护。③对动物圈舍和食具消毒时，须空圈或移出动物，间隔半天用水冲洗地面、饲槽后，方可让其入舍。

（十）草木灰水

（1）用途。用于动物圈舍、运动场、墙壁及食槽的消毒。效果同1%～2%的烧碱。

（2）使用温度。50～60℃。

二、消毒液的配制方法

（一）操作步骤

1. 器械与防护用品准备

（1）量器的准备。量筒、台秤、药勺、盛药容器（最好是搪瓷或塑料耐腐蚀制品）、温度计等。

（2）防护用品的准备。工作服、口罩、护目镜、橡皮手套、胶靴、毛巾、肥皂等。

（3）消毒药品的选择。依据消毒对象表面的性质和病原微生物的抵抗力，选择高效、低毒、使用方便、价格低廉的消毒药品。依据消毒对象面积（如场地、动物舍内地面、墙壁的面积和空间大小等）计算消毒药用量。

2. 配制方法

（1）75%酒精溶液的配制。用量器称取95%医用酒精789.5mL，加蒸馏水（或纯净水）稀释至1 000mL，即为75%酒精，配制完成后密闭保存。

（2）5%氢氧化钠溶液的配制。称取50g氢氧化钠，装入量器内，加入适量常温水中（最好用60~70℃热水），搅拌使其溶解，再加水至1 000mL，即得，配制完成后密闭保存。

（3）0.1%高锰酸钾溶液的配制。称取1g高锰酸钾，装入量器内，加水1 000mL，使其充分溶解即得。

（4）3%来苏尔的配制。取来苏尔3份，放入量器内，加清水97份，混合均匀即成。

（5）2%碘酊的配制。称取碘化钾15g，装入量器内，加蒸馏水20mL溶解后，再加碘片20g及乙醇500mL，搅拌使其充分溶解，再加入蒸馏水至1 000mL，搅匀，过滤，即得。

（6）碘甘油的配制。称取碘化钾10g，加入10mL蒸馏水溶解后，再加碘10g，搅拌使其充分溶解后，加入甘油至1 000mL，搅匀，即得。

（7）熟石灰（消石灰）的配制。生石灰（氧化钙）1kg，装入容器内，加水350mL，生成粉末状物质即为熟石灰，可撒布于阴湿地面、污水池、粪地周围等处消毒。

（8）20%石灰乳的配制。1kg生石灰加5kg水即为20%石灰乳。配制时最好用陶瓷缸或木桶等。首先称取适量生石灰，装入容器内，把少量水（350mL）缓慢加入生石灰内，稍停，使石灰变为粉状的熟石灰时，再加入余下的4 650mL水，搅匀即成20%石灰乳。

（9）草木灰水的配制。用新鲜干燥、筛过的草木灰20kg，加水100kg，煮沸20~30min（边煮边搅拌，草木灰因容积大，可分两次煮），去渣、补上蒸发的水分即可。

（二）注意事项

（1）选用适宜大小的量器，取少量液体避免用大的量器，以免造成误差。

（2）某些消毒药品（如生石灰）遇水会产热，应在搪瓷桶、盆等耐热容器中配制为宜。

（3）配制消毒药品的容器必须刷洗干净，以防止残留物质与消毒药发生理化反应，影响消毒效果。

（4）配制好的消毒液放置时间过长，大多数效力会降低或完全失效。因此，消毒液应现配现用。

（5）做好个人防护，配制消毒液时应戴橡胶手套、穿工作服，严禁用手直接接触，以免灼伤。

三、影响消毒效果的因素

1. 消毒药的种类

在使用消毒剂时，应因地制宜，根据不同的环境特点，针对所要杀灭的病原微生物特点、消毒对象的特点、环境温度、湿度、酸碱度等，选择对病原体消毒力强，对人畜毒性小，不损坏被消毒物体，易溶于水，在消毒环境中比较稳定，价廉易得，使用方便的消毒剂。如饮水消毒场选用漂白粉等；消毒动物体表时，应选择消毒效果好而又对动物无害的0.1%新洁尔灭、0.1%过氧乙酸等。如室温在16℃以上时，可用乳酸、过氧乙酸或甲醛熏蒸消毒；高锰酸钾与40%甲醛配合使用可用于清洁空舍的熏蒸消毒。

2. 消毒方法

根据消毒药的性质和消毒对象的特点，选择喷洒、熏蒸、浸泡、洗刷、擦拭、撒布等适宜的消毒方法。

3. 消毒剂的浓度与剂量

（1）稀释度。选择可有效杀灭病原微生物的消毒浓度，而且是要达到要求的最低浓度。

（2）消毒剂的用量。一般来说，消毒剂的浓度和消毒效果成正比，即消毒剂浓度越大，其消毒效力越强（但是70%~75%酒精比其他浓度酒精消毒效力都强）。但浓度越大，对机体、器具的损伤或破坏作用也越大。因此，在消毒时，应根据消毒对象、消毒目的的需要，选择既有效而又安全的浓度，不可随意加大或减少药物的浓度。熏蒸消毒时，应根据消毒空间大小和消毒对象计算消毒剂用量。

（3）科学地交替使用或配合使用消毒剂。根据不同消毒剂的特性、成分、原理，可选择多种消毒剂交替使用或配合使用。但在配合使用时，应注意药物间的配伍禁忌，防止配合后反应引起的减效或失效。如苯酚忌配合高锰酸钾、过氧化物；新洁尔灭忌与碘化钾、过氧乙酸等配伍使用。

4. 环境温度、湿度

环境温度、湿度和酸碱度对消毒效果都有明显的影响，必须加以注意。一般来说，温度升高，消毒剂杀菌能力增强。湿度对许多气体消毒剂的消毒作用有明显的影响，直接喷洒消毒干粉剂消毒时，需要有较高的相对湿度，使药物潮解后才能充分发挥作用。

5. 有机物的影响

粪便、饲料残渣、污物、排泄物、分泌物等，对病原微生物有机械保护作用和降低消毒剂消毒效果的作用。因此，在使用消毒剂消毒时必须先将消毒对象（地面、设备、用具、墙壁等）清扫、洗刷干净，再使用消毒剂，使消毒剂能充分作用于消毒对象。

6. 消毒液的接触时间

消毒剂与病原微生物接触时间越长，杀死病原微生物越多。因此，消毒时，要使消毒剂与消毒对象有足够的接触时间。

7. 消毒操作规范

消毒剂只有接触病原微生物，才能将其杀灭。因此，喷洒消毒剂一定要均匀，每个角落都喷洒到位，避免操作不当，影响消毒效果。

第二节 器具消毒

一、饲养用具的消毒

饲养用具包括食槽、饮水器、料车、添料锹等，所用饲养用具定期进行消毒。

（一）操作步骤

（1）根据消毒对象不同，配制消毒药。

（2）清扫（清洗）饲养用具。如饲槽应及时清理剩料，然后用清水进行清洗。

（3）消毒。根据饲养用具的不同，可分别采用浸泡、喷洒、熏蒸等方法进行消毒。

（二）注意事项

（1）注意选择消毒方法和消毒药。饲养器具用途不同，应选择不同的消毒药，如笼舍消毒可选用福尔马林进行熏蒸；而食槽或饮水器一般选用过氧乙酸、高锰酸钾等进行消毒；金属器具也可选用火焰消毒。

（2）保证消毒时间。由于消毒药的性质不同，因此，在消毒时，应注意不同消毒药的有效消毒时间，给予保证。

二、运载工具的消毒

运载工具主要是车辆，一般根据用途不同，将车辆分为运料车、清污车、运送动物的车辆等。车辆的消毒主要是应用喷洒消毒法。

（一）操作步骤

（1）准备消毒药品。根据消毒对象和消毒目的不同，选择消毒药物，仔细称量后装入容器内进行配制。

（2）清扫（清洗）运输工具。应用物理消毒法对运输工具进行清扫和清洗，去除污染物，如粪便、尿液、撒落的饲料等。

（3）消毒。运输工具清洗后，根据消毒对象和消毒目的，选择适宜的消毒方法进行消毒，如喷雾消毒或火焰消毒。

（二）注意事项

（1）注意消毒对象，选择适宜的消毒方法。

（2）消毒前一定要清扫（洗）运输工具，保证运输工具表面粘附的有机物、污染物被清除，这样才能保证消毒效果。

（3）进出疫区的运输工具要按照《动物卫生防疫法》要求进行消毒处理。

三、医疗器具的消毒

1. 注射器械消毒

将注射器用清水冲洗干净，如为玻璃注射器，将针管与针芯分开，用纱布包好；如为金属注射器，拧松调节螺丝，抽出活塞，取出玻璃管，用纱布包好。针头用清水冲洗干净，成排插在多层纱布的夹层中，镊子、剪刀洗净，用纱布包好。将清洗干净包装好的器械放入煮沸消毒器内灭菌。煮沸消毒时，水沸后保持15~30min。灭菌后，放入无菌带盖搪瓷盘内备用。煮沸消毒的器械当日使用，超过保存期或打开后，需重新消毒，方能使用。

2. 刺种针的消毒

用清水洗净，高压或煮沸消毒。

3. 饮水器消毒

用清洁卫生水刷洗干净，用消毒液浸泡消毒，然后用清洁卫生的流水认真冲洗干净，不能有任何消毒剂、洗涤剂、抗菌药物、污物等残留。

4. 点眼、滴鼻滴管的消毒

用清水洗净，高压或煮沸消毒。

5. 清洗喷雾器

喷雾免疫前，应先使用清洁卫生的水将喷雾器内桶、喷头和输液管清洗干净，不能有任何消毒剂、洗涤剂、铁锈和其他污物等残留；然后再用定量清水进行试喷，确定喷雾器的流量和雾滴大小，以便掌握喷雾免疫时来回走动的速度。

第三节　畜舍空气及排泄物消毒

一、粪便污物消毒

粪便污物消毒方法有生物热消毒法、掩埋消毒法、焚烧消毒法和化学药品消毒法。

（一）生物热消毒法

生物热消毒法是一种最常用的粪便污物消毒法，这种方法能杀灭除细菌芽孢外的所有病原微生物，并且不丧失肥料的应用价值。粪便污物生物热消毒的基本原理是，将收集的粪便堆积起来后，粪便中便形成了缺氧环境，粪中的嗜热厌氧微生物在缺氧环境中大量生长并产生热量，能使粪中温度达到 60～75℃，这样就可以杀死粪便中病毒、细菌（不能杀死芽孢）、寄生虫卵等病原体。此种方法通常有发酵池法和堆粪法两种。

1. 操作步骤

（1）发酵池法。适用于动物养殖场，多用于稀粪便的发酵。①选址。在距离饲养场 200～250m 以外，远离居民、河流、水井等的地方挖两个或两个以上的发酵池（根据粪便的多少而定）。②修建消毒池。可以筑为圆形或方形。池的边缘与池底用砖砌后再抹以水泥，使其不渗漏。如果土质干固，地下水位低，也可不用砖和水泥。③先将池底放一层干粪，然后将每天清除出的粪便、垫草、污物等倒入池内。④快满的时候在粪的表面铺层干粪或杂草，上面再用一层泥土封好，如条件许可，可用木板盖上，以利于发酵和保持卫生。⑤经 1~3 个月，即可出粪清池。在此期间每天清除粪便可倒入另一个发酵池。如此轮换使用。

（2）堆粪法。适用于干固粪便的发酵消毒处理。①选址。在距畜禽饲养场 200~250m 以外，远离居民区、河流、水井等的平地上设一个堆粪场，挖一个宽 1.5~2.5m、深约 20cm，长度视粪便量的多少而定的浅坑。②先在坑底放一层 25cm 厚的无传染病污染的粪便或干草，然后在其上再堆放准备要消毒的粪便、垫草、污物等。③堆到 1~1.5m 高度时，在欲消毒粪便的外面再铺上 10cm 厚的非传染性干粪或谷草（稻草等），最后再覆盖 10cm 厚的泥土。④密封发酵，夏季 2 个月，冬季 3 个月以上，即可出粪清坑。如粪便较稀时，应加些杂草，太干时倒入稀粪或加水，使其干湿适当，以促使其迅速发热。

2. 注意事项

（1）发酵池和堆粪场应选择远离学校、公共场所、居民住宅区、动物饲养和屠宰场所、村庄、饮用水源地、河流等。

（2）修建发酵池时要求坚固，防止渗漏。

（3）注意生物热消毒法的适用范围。

（二）掩埋法

此种方法简单易行，但缺点是粪便和污物中的病原微生物可渗入地下，污染水源，并且损失肥料。适合于粪量较少，且不含细菌芽孢的粪污处理。

1. 操作步骤

（1）消毒前准备。漂白粉或新鲜的生石灰，高筒靴、防护服、口罩、橡皮手套、铁锹等。

（2）将粪便与漂白粉或新鲜的生石灰混合均匀。

（3）混合后深埋在地下2m左右。

2. 注意事项

（1）掩埋地点应选择远离学校、公共场所、居民住宅区、村庄、饮用水源地、河流等。

（2）应选择地势高燥、地下水位较低的地方。

（3）注意掩埋消毒法的适用范围。

（三）焚烧法

焚烧法是消灭一切病原微生物最有效的方法，故用于消毒最危险的传染病畜禽粪便（如炭疽、牛瘟等）。可用焚烧炉，如无焚烧炉，可以挖掘焚烧坑，进行焚烧消毒。

1. 操作步骤

（1）消毒前准备。燃料、高筒靴、防护服、口罩、橡皮手套、铁锹、铁梁等。

（2）挖坑。坑宽75~100cm，深75cm，长以粪便多少而定。

（3）在距坑底40~50cm处加一层铁梁（铁梁密度以不使粪便漏下为宜），铁梁下放燃料，梁上放欲消毒粪便。如粪便太湿，可混一些干草，以便焚烧。

2. 注意事项

（1）焚烧产生的烟气应采取有效的净化措施，防止一氧化碳、烟尘、恶臭等对周围大气环境造成污染。

（2）焚烧时应注意安全，防止发生火灾。

（四）化学药品消毒法

用化学消毒药品，如含2%~5%有效氯的漂白粉溶液、20%石灰乳等消毒粪便。这种方法既麻烦，又难以达到消毒的目的，故实践中不常用。

二、空气消毒

空气消毒方法有物理消毒法和化学消毒法。物理消毒法，常用的有通风和紫外线照射两种方法。通风可减少室内空气中微生物的数量，但不能杀死微生物；紫外线照射可杀灭空气中的病原微生物。化学消毒法，有喷雾和熏蒸两种方法。用于空气化学消毒的化学药品需具有迅速杀灭病原微生物、易溶于水、蒸气压低等特点，如常用的甲醛、过氧乙酸等，当进行加热时便迅速挥发为气体，其气体具有杀菌作用，可杀灭空气中的病原微生物。

（一）紫外线照射消毒

紫外灯能辐射出波长主要为 253. 7nm 的紫外线，杀菌能力强而且较稳定。紫外线对不同的微生物灭活所需的照射量不同。革兰氏阴性无芽孢杆菌最易被紫外线杀死，而杀死葡萄球菌和链球菌等革兰氏阳性菌照射量则需加大 5~10 倍。病毒对紫外线的抵抗力更大一些。需氧芽孢杆菌的芽孢对紫外线的抵抗力比其繁殖体要高许多倍。

1. 操作步骤

（1）消毒前准备。紫外灯一般于空间 6~15m^3安装一只，灯管距地面 2. 5~3m 为宜，紫外灯于室内温度 10~15℃，相对湿度 40%~60%的环境中使用杀菌效果最佳。

（2）将电源线正确接入电源，合上开关。

（3）照射的时间应不少于 30min。否则杀菌效果不佳或无效，达不到消毒的目的。

（4）操作人员进入洁净区时应提前 10min 关掉紫外灯。

2. 注意事项

（1）紫外线对不同的微生物有不同的致死剂量，消毒时应根据微生物的种类从而选择适宜的照射时间。

（2）在固定光源情况下，被照物体越远，效果越差，因此应根据被照面积、距离等因素安装紫外灯（一般距离被消毒物2m左右）。

（3）紫外线对眼黏膜及视神经有损伤作用，对皮肤有刺激作用，所有人员应避免在紫外灯下工作，必要时需穿防护工作衣帽，并戴有色眼镜进行工作。

（4）房间内存放着药物或原辅包装材料，而紫外灯开启后对其有影响或房间内有操作人员时，此房间不得开启紫外灯。

（5）紫外灯管的清洁，应用毛巾蘸取无水乙醇擦拭其灯管，并不得用手直接接触灯管表面。

（6）紫外灯的杀菌强度会随着使用时间逐渐衰减，故应在其杀菌强度降至70%后，及时更换紫外灯，也就是紫外灯使用1 400h后更换紫外灯。

（二）喷雾消毒

喷雾法消毒是利用气泵将空气压缩，然后通过气雾发生器使稀释的消毒剂形成一定大小的雾化粒子，均匀地悬浮于空气中，或均匀地覆盖于被消毒物体表面，达到消毒目的。

1. 操作步骤

（1）器械与防护用品准备。喷雾器、天平、量筒、容器等，高筒靴、防护服、口罩、护目镜、橡皮手套、毛巾、肥皂等。消毒药品应根据污染病原微生物的抵抗力、消毒对象特点，选择高效低毒、使用简便、质量可靠、价格便宜、容易保存的消毒剂。

（2）配置消毒药。根据消毒药的性质，进行消毒药的配制，将配制的适量消毒药装入喷雾器中，以装满八成为宜。

（3）打气。感觉有一定抵抗力（反弹力）时即可喷洒。

（4）喷洒。喷洒时将喷头高举空中，喷嘴向上以画圆圈方式先内后外逐步喷洒，使药液如雾一样缓缓下落。要喷到墙壁、屋顶、地面，以均匀湿润和畜禽体表稍湿为宜，不适用带畜禽消毒的消毒药，不得直喷畜禽。喷出的雾粒直径应控制在 80~120μm，不要小于 50μm。

（5）消毒结束后的清理工作。消毒完成后，当喷雾器内压力很强时，先打开旁边的小螺丝放完气，再打开桶盖，倒出剩余的药液，用清水将喷管、喷头和筒体冲干净，晾干或擦干后放在通风、阴凉、干燥处保存，切忌阳光暴晒。

2. 注意事项

（1）装药时，消毒剂中的不溶性杂质和沉渣不能进入喷雾器，以免在喷洒过程中出现喷头堵塞现象。

（2）药物不能装得太满，以装满八成为宜，否则不易打气或造成筒身爆裂。

（3）气雾消毒效果的好坏与雾滴粒子大小以及雾滴均匀度密切相关。喷出的雾粒直径应控制在 80~120μm，过大易造成喷雾不均匀和禽舍太潮湿，且在空中下降速度太快，与空气中的病原微生物、尘埃接触不充分，起不到消毒空气的作用；雾粒太小则易被畜禽吸入肺泡，诱发呼吸道疾病。

（4）喷雾时，房舍应密闭，关闭门、窗和通风口，减少空气流动。

（5）喷雾过程中要时时注意喷雾质量，发现问题或喷雾出现故障，应立即停止操作，进行校正或维修。

（6）使用者必须熟悉喷雾器的构造和性能，并按使用说明书操作。

（7）喷雾完后，要用清水清洗喷雾器，让喷雾器充分干燥后，包装保存好，注意防止腐蚀。不要用去污剂或消毒剂清洗容器内部、定期保养。

（三）熏蒸消毒

1. 操作步骤

（1）药品、器械与防护用品准备。消毒药品可选用福尔马林、高锰酸钾粉、固体甲醛、烟熏百斯特、过氧乙酸等；准备温度计、湿度计、加热器、容器等器材，防护服、口罩、手套、护目镜等防护用品。

（2）清洗消毒场所。先将需要熏蒸消毒的场所（畜禽舍、孵化器等）彻底清扫、冲洗干净。有机物的存在影响熏蒸消毒效果。

（3）分配消毒容器。将盛装消毒剂的容器均匀地摆放在要消毒的场所内，如动物舍长度超过 50m，应每隔 20m 放一个容器。所使用的容器必须是耐燃烧的，通常用陶瓷或搪瓷制品。

（4）关闭所有门窗、排气孔。

（5）配制消毒药。

（6）熏蒸。根据消毒空间大小，计算消毒药用量，进行熏蒸。①固体甲醛熏蒸。按每立方米 3.5g 用量，置于耐烧容器内，放在热源上加热，当温度达到 20℃时即可挥发出甲醛气体。②烟熏百斯特熏蒸。每套（主剂+副剂）可熏蒸 $120\sim160m^3$。主剂+副剂混匀，置于耐烧容器内，点燃。③高锰酸钾与福尔马林混合熏蒸。进行畜禽空舍熏蒸消毒时，一般每立方米用福尔马林 14~42mL、高锰酸钾 7~21g、水 7~21mL，熏蒸消毒 7~24h。种蛋消毒时福尔马林 28mL、高锰酸钾 14g、水 14mL，熏蒸消毒 20min。杀灭芽孢时每立方米需福尔马林 50mL。如果反应完全，则只剩下褐色干燥粉渣；如果残渣潮湿说明高锰酸钾用量不足；如果残渣呈紫色说明高锰酸钾加得太多。④过氧乙酸熏蒸。使用浓度是 3%~5%，每立方米用 2.5mL，在相对湿度 60%~80% 条件下，熏蒸 1~2h。

2. 注意事项

（1）注意操作人员的防护。在消毒时，消毒人员要戴好口罩、护目镜，穿好防护服，防止消毒液损伤皮肤和黏膜，刺激眼睛。

（2）甲醛或甲醛与福尔马林消毒的注意事项。①甲醛熏蒸消毒必须有适宜的温度和相对湿度，温度 18～25℃较为适宜；相对湿度 60%～80%，较为适宜。室温不能低于 15℃，相对湿度不能低于 50%。②如消毒结束后甲醛气味过浓，若想快速清除甲醛的刺激性，可用浓氨水（2～5mL/m^3）加热蒸发以中和甲醛。③用甲醛熏蒸消毒时，使用的容器容积应比甲醛溶液大 10 倍，必须先放高锰酸钾，后加甲醛溶液，加入后人员要迅速离开。

（3）过氧乙酸消毒的注意事项。过氧乙酸性质不稳定，容易自然分解，因此，过氧乙酸应现用现配。

三、污水消毒

污水中通常含有有害物质和病原微生物，如不经处理，任意排放，将污染江、河、湖、海和地下水，直接影响工业用水和城市居民生活用水的质量，甚至造成疫病传播，危害人、畜健康。污水的处理分为物理处理法（机械处理法）、化学处理法和生物处理法 3 种。

（1）物理处理法。物理处理法也称机械处理法，是污水的预处理（初级处理或一级处理），物理处理主要是去除可沉淀或上浮的固体物，从而减轻二级处理的负荷。最常用的处理手段是筛滤、隔油、沉淀等机械处理方法。筛滤是用金属筛板、平行金属栅条筛板或金属丝编织的筛网，来阻留悬浮固体碎屑等较大的物体。经过筛滤处理的污水，再经过沉淀池进行沉淀，然后进入生物处理或化学处理阶段。

（2）生物处理法。生物处理法是利用自然界的大量微生物（主要是细菌）氧化分解有机物的能力，除去废水中呈胶体状态的有机污染物质，使其转化为稳定、无害的低分子水溶性物质、低分子气体和无机盐。根据微生物作用的不同，生物处理法又分为好氧生物处理法和厌氧生物处理法。好氧生物处理法是在有氧的条件下，借助于好氧菌和兼性厌氧菌的作用来净化废水的方法。大部分污水的生物处理都属于好氧处理，如活性污泥法、生物过滤法、生物转盘法。厌氧生物处理法是在无氧条件下，借助于厌氧菌的作用来净化废水的方法，如厌氧消化法。

(3) 化学处理法。经过生物处理后的污水一般还含有大量的有害微生物，特别是屠宰污水含有大量的病原菌，需经消毒药物处理后，方可排出。常用的方法是氯化消毒，将液态氯转变为气体，通入消毒池，可杀死99%以上的有害细菌。也可用漂白粉消毒，即每千升水中加有效氯0.5kg。

第四节　场所的消毒

一、孵化场

孵化场卫生状况直接影响种蛋孵化率、健雏率及雏鸡的成活率。一个合格的受精蛋孵化为健康的雏鸡，在整个孵化过程中所有与之有关的设备、用具都必须是清洁、卫生的。

孵化场的卫生消毒包括人员、种蛋、设备、用具、墙壁、地面和空气的卫生消毒。

(一) 操作步骤

(1) 人员的消毒。孵化场的人员进出孵化室必须消毒，其他外来人员一律不准进入。要求在大门口内设二门，门口设消毒池，池内经常更换消毒液，二门内设淋浴室及更衣室，工作人员进入时需脚踏消毒池，入门后淋浴，更换工作服后方可进入。工作服应定期清洗、消毒。消毒池内可用2%的火碱水；服装可用百毒杀等洗涤后用紫外线照射消毒。码蛋、照蛋、落盘、注射、鉴别人员工作前及工作中用药液洗手。

(2) 种蛋的消毒。首先要选择健康无病的种鸡群且没有受到任何污染的种蛋，种蛋从鸡舍收集后进行筛选，剔除粪蛋、脏蛋及不合格蛋后将种蛋放入干净消过毒的镂空蛋托上立即消毒。种蛋正式孵化前，一般需要消毒 2 次，第一次在集蛋后进行；第二次在加热孵化前。一般每天收集种蛋 2~4 次，每次收集后立即放入专用消毒柜或消毒橱内，用甲醛、高锰酸钾熏蒸消毒。用量为每立方米空间用福尔马林 30mL，高锰酸钾 15g，熏蒸 15~20min。要求密闭、温热（温度 25℃）、湿润（湿度为 60%），有风扇效果较好。种蛋库每星期定期清扫和消毒，最好用托布打扫，用熏蒸法消毒，或用 0.05%新洁尔灭消毒。种蛋库保持温度在 12~16℃、湿度 70%~80%为宜。种蛋入孵到孵化器，但尚未加温孵化前，再消毒一次，方法同第一次。要特别注意的是种蛋“出汗”后不要立即消毒，要等种蛋干燥后再用此方法消毒。另外，入孵 24~96h 的种蛋不能用上述方法消毒。

（3）孵化设备及用具的消毒。孵化器的顶部和四周易积灰尘和绒毛，要由专门值班员每天擦拭一次，最好用湿布，避免灰尘等飞扬。每批种蛋由孵化器出雏器转出后，将蛋盘、蛋车、周转箱全部取出冲洗，孵化器里外打扫干净，断电后用清水冲洗干净，包括孵化器顶部、四壁、地面、加湿器等然后将干净的蛋车、蛋盘，放入孵化器消毒。可以喷洒 0.05%的新洁尔灭或 0.05%的百毒杀，也可以用福尔马林 42mL，高锰酸钾 21g/m^3 的剂量熏蒸消毒。雏鸡注射用的针、针头、镊子等需用高温蒸煮消毒。在每批鸡使用前及使用后蒸煮 10min。

（4）空气及墙壁地面的卫生消毒。由于种蛋和进出人员易将病原菌带入孵化场，出雏时绒毛和灰尘也易散播病菌，而孵化室内气温较高，湿度较大宜于细菌繁殖，所以孵化室内空气的卫生消毒十分重要。首先，要将孵化器与出雏器分开设置，中间设隔墙及门。1~19 胚龄的胚胎在孵化器中，19~21.5 胚龄转入出雏器中出雏，21.5d 后初雏转入专门雏鸡存放室。其次，孵化室要设置足够大功率的排风扇，排出污浊的空气。每台孵化器及出雏器要设置通风管道与风门相接，将其中的废气直接排出室外。出雏室在出雏时及出完后都要开排风扇，有条件的孵化场还可以设置绒毛收集器以净化空气。最后，每出完一批鸡都要对整个出雏室彻底打扫消毒一次，包括屋顶、墙壁及整个出雏室。程序为清扫—高压冲洗—消毒。消毒用0.05%的新洁尔灭或0.05%的百毒杀或0.1%的碘伏喷洒。

（二）注意事项

（1）遵守消毒的原则和程序。不同的消毒药物有着不同的消毒对象，选择时应加以注意。

（2）注意孵化用具的定期消毒和随时消毒。

二、诊疗室

诊疗室是患病畜禽集中的场所，它们患有感染性疾病或非感染性疾病，往往处于抵抗力低下的状态；同时，诊疗室也是各种病原微生物聚集的地方，加上各种医疗活动，患病畜禽间、诊疗人员与畜禽间的特殊接触，常常造成诊疗室感染。

导致诊疗室感染的因素除患病畜禽自身抵抗力低下，微生物侵袭外，还有诊疗人员手及器械消毒不规范，以及滥用抗生物和消毒剂使用促使抗性菌株产生等原因。因此，合理使用消毒剂和抗生素是防止诊疗室感染的重要组成部分。在防止交叉感染中，诊疗室的消毒与灭菌工作显得尤为重要。

（一）操作步骤

1. 消毒药物的选择

诊疗室消毒灭菌剂选择的条件一般应满足以下要求：要求可杀灭结核杆菌和速效杀灭细菌繁殖体，可灭活常见病毒，即中效消毒剂以上；杀菌剂的杀菌作用受有机物的影响较小；消毒剂使用浓度对人畜无毒，不污染环境；使用方便，价格便宜。

2. 诊疗室常用消毒灭菌方法

（1）干热消毒。①焚烧。以电、煤气等作能源的专用焚烧炉用于焚烧医院具有传染性的废弃物［如截除的残肢、切除的脏器、病理标本、敷料、引流条、一次性使用注射器、输液（血）器等]，操作过程中应注意燃烧彻底，防止污染环境。②烧灼。利用酒精灯或煤气灯火焰消毒微生物实验室的白金耳、接种棒、试管、剪刀、镊子等。使用时应注意将污染器材由操作者逐渐靠近火焰，防止污染物突然进入火焰而发生爆炸，造成周围污染。③干烤。以电热、电磁辐射线等热源加热物体，主要用于耐高热物品的消毒或灭菌。常用的方法有电热干烤、红外线消毒和微波消毒。

（2）煮沸消毒。一般被污染的小件物品或耐热诊疗用品用蒸馏水煮沸 20min，可杀灭细菌繁殖体和肝炎病毒，水中加碳酸氢钠效果更好。

（3）流动蒸汽消毒。在常压条件下，利用蒸屉或专用流动蒸汽消毒器，消毒时间以水煮沸时开始计算，20min 可杀灭细菌繁殖体、肝炎病毒。在消毒设备条件不足时，可用此法消毒一般诊疗器具。

（4）压力蒸汽灭菌。①物品摆放时，包间应留有空隙，容器应侧放。②排气软管插入侧壁套管中，加热水沸后排气 15~20min。③柜室压力升至 103kPa，温度达到 121℃，时间维持 30min。④慢放气，尤其是灭菌物品中有液体时，防止减压过快液体溢出。需烘干物品可取出放入烘箱烘干保存。

（5）紫外线消毒。诊疗室应根据消毒的环境、目的选择紫外灯的灯型、照射强度，一般说来，紫外线杀灭细菌繁殖体的剂量为 10 000μW·s/cm^2。小病毒、真菌为 50 000~60 000μW·s/cm^2，细菌芽孢为 100 000μW·s/cm^2。真菌孢子对紫外线有更大抗力，如黑曲霉菌孢子的杀灭剂量为 350 000μW·s/cm^2。①空气消毒。一般在无人活动的室内可采用悬挂 30W 功率的紫外灯（按室内面积每平方米 1.5W 计算），20m^{2}室内，在中央 2~2.5m 高处挂一支带有反射罩的紫外灯，每次消毒时间不少于 30min。②物体表面（桌面、化验单及其他污染物体表面）消毒。一般桌面可将30W带罩紫外灯挂于桌面上方1m高处，照射15min。污染票据、化验单可采用低臭氧高强度紫外线消毒器，短距离照射（照射剂量可达到7 500~12 000μW·s/cm²），可在30s内对所照射的部位达到消毒要求。

(6) 消毒剂消毒。①含氯消毒剂。无机氯如漂白粉、次氯酸钠、次氯酸钙等，有机氯如二氯异氰尿酸钠、三氯异氰尿酸、氯胺等。有机氯比无机氯性质稳定，粉末状含氯消毒剂在阴凉处保存比较稳定，溶于水产生次氯酸，不稳定。含氯消毒剂可杀灭各种微生物，有效氯质量浓度2 000mg/L可杀灭细菌芽孢，有效氯500~1 000mg/L可杀灭结核杆菌、真菌、灭活肝炎病毒，有效氯100~250mg/L可杀灭细菌繁殖体。在医院中此类消毒剂一般用于环境表面、污染的实验器材、废弃物等的消毒。②醇类消毒剂。乙醇和异丙醇体积分数70%可杀灭细菌繁殖体；80%乙醇或异丙醇可降低肝炎病毒的传染性，常用于皮肤消毒，用作溶媒时，可增强某些非挥发性消毒剂的杀微生物作用。③酚类消毒剂。包括六氯酚、2,4,4,-三氯-2-羟基二苯醚、4-氯-3,5-二甲基苯酚（PCMX）等酚的衍生物。六氯酚溶液常用于抗菌剂，主要用于外科擦洗、医用肥皂的活性成分。2,4,4-三氯-2-羟基二苯醚，易溶于稀碱液和有机溶剂中，微溶于水，质量浓度0.1~0.03mg/L可抑制葡萄球菌，3倍于此浓度可抑制大肠杆菌，100~1 000mg/L才可抑制绿脓杆菌。1~30mg/L可抑制几种霉菌生长，常用于防腐剂。④过氧化物类。有过氧化氢、过氧乙酸、二氧化氯、臭氧等，其理化性质不稳定，但消毒后不留残毒是它们的优点。常以0.5%~1.0%过氧乙酸用于血液透析机、透析器、肝炎污染物的消毒；2%过氧乙酸可用于冷库喷雾及空气消毒；0.1%~0.2%过氧乙酸可用于手消毒；0.02%过氧乙酸用于黏膜消毒。⑤双胍类化合物。如洗必泰，其理化性状稳定，0.05%~0.1%可用作口腔、伤口防腐剂；0.5%洗必泰乙醇溶液可增强其杀菌效果，是良好的皮肤消毒剂，用于术野皮肤消毒；0.1%~4%洗必泰溶液可用于洗手消毒，但必须注意革兰氏阴性细菌易对洗必泰产生抗性，使用中应及时更换消毒液。阿立西定（Alexidine）也是双缩胍，具有不同于氯己定的氯苯酚末端基团的乙基己基末端基团，比氯己定更具活性，主要用于口腔防腐。⑥季铵盐类。如苯扎氯铵、苯扎溴铵，其理化性状稳定，0.2%~0.5%可杀灭细菌繁殖体，革兰氏阳性细菌对此类消毒剂比革兰氏阴性细菌更为敏感，后者易产生抗性菌株，久用此类消毒剂常可发现绿脓杆菌污染，必须引起注意。因此，此类消毒剂限用于医院一般用具清洁消毒。⑦含碘消毒剂。比如2%的碘酊、0.2%~0.5%的碘伏常用于皮肤消毒，如注射、术野皮肤、外科洗手；0.05%~0.1%的碘伏作伤口、口腔消毒；0.02%~0.05%的碘伏用于阴道冲洗消毒。⑧高锰酸钾为强氧化剂，0.01%~0.02%溶液可用于冲洗伤口；福尔马林加高锰酸钾用作甲醛熏蒸物体表面消毒。

（二）注意事项

（1）注意消毒方法的选择。不同消毒对象所用的消毒方法不同，如注射针头一般采用蒸煮消毒，而废弃物一般选择焚烧消毒。

（2）注意选择消毒药品。不同的消毒药品有着不同的性质、消毒对象，因此应注意消毒药品的选择。

三、养殖场

养殖场消毒的目的是消灭传染源散播于外界环境中的病原微生物，切断传播途径，阻止疫病继续蔓延。养殖场应建立切实可行的消毒制度，定期对畜禽舍地面土壤、粪便、污水、皮毛等进行消毒。

（一）操作步骤

（1）入场消毒。养殖场大门入口处设立消毒池（池宽同大门，长为机动车轮一周半），内放2%氢氧化钠溶液，每半月更换1次。大门入口处设消毒室，室内两侧、顶壁设紫外灯，一切人员皆要在此用漫射紫外线照射5~10min，进入生产区的工作人员，必须更换场区工作服、工作鞋，通过消毒池进入自己的工作区域，严禁相互串舍（圈）。不准带入可能污染的畜产品或物品。

（2）畜舍消毒。畜舍除保持干燥、通风、冬暖、夏凉以外，平时还应做好消毒。一般分两个步骤进行：第一步先进行机械清扫；第二步用消毒液。畜舍及运动场应每天打扫，保持清洁卫生，料槽、水槽干净，每周消毒1次，圈舍内可用过氧乙酸做带畜消毒，0.3%~0.5%做舍内环境和物品的喷洒消毒或加热做熏蒸消毒（每立方米空间用2~5mL）。

（3）空畜舍的常规消毒程序。首先彻底清扫干净粪尿。用2%氢氧化钠喷洒和刷洗墙壁、笼架、槽具、地面，消毒1~2h后，用清水冲洗干净，待干燥后，用0.3%~0.5%过氧乙酸喷洒消毒。对于密闭畜舍，还应用甲醛熏蒸消毒，方法是每立方米空间用40%甲醛30mL，倒入适当的容器内，再加入高锰酸钾15g，注意，此时室温不应低于15℃，否则要加入热水20mL。为了减少成本，也可不加高锰酸钾，但是要用猛火加热甲醛，使甲醛迅速蒸发，然后熄灭火源，密封熏蒸12~14h。打开门窗，除去甲醛气味。

（4）畜舍外环境消毒。畜舍外环境及道路要定期进行消毒，填平低洼地，铲除杂草，灭鼠、灭蚊蝇、防鸟等。

（5）生产区专用设备消毒。生产区专用送料车每周消毒1次，可用0.3%过氧乙酸溶液喷雾消毒。进入生产区的物品、用具、器械、药品等要通过专门消毒后才能进入畜舍。可用紫外线照射消毒。

（6）尸体处理。尸体可用掩埋法、焚烧法等方法进行消毒处理。掩埋应选择离养殖场100m之外的无人区，找土质干燥、地势高、地下水位低的地方挖坑，坑底部撒上生石灰，再放入尸体，放一层尸体撒一层生石灰，最后填土夯实。

（二）注意事项

（1）养殖场大门、生产区和畜舍入口处皆要设置消毒池，内放火碱液，一般10~15d更换新配的消毒液。畜舍内用具消毒前，一定要先彻底清扫干净粪尿。

（2）尽可能选用广谱的消毒剂或根据特定的病原体选用对其作用最强的消毒药。消毒药的稀释度要准确，应保证消毒药能有效杀灭病原微生物，并要防止腐蚀、中毒等问题的发生。

（3）有条件或必要的情况下，应对消毒质量进行监测，检测各种消毒药的使用方法和效果。并注意消毒药之间的相互作用，防止互作使药效降低。

（4）不准任意将两种不同的消毒药物混合使用或消毒同一种物品，因为两种消毒药合用时常因物理或化学配伍禁忌而使药物失效。

（5）消毒药物应定期替换，不要长时间使用同一种消毒药物，以免病原菌产生耐药性，影响消毒效果。

四、隔离场

隔离场使用前后，货主用口岸动植物检疫机关指定的消毒药物，按动植物检疫机关的要求进行消毒，并接受口岸动植物检疫机关的监督。

（一）操作步骤

（1）运输工具的消毒。装载动物的车辆、器具及所有用具须经消毒后方可进出隔离场。

（2）铺垫材料的消毒。运输动物的铺垫材料须进行无害化处理，可采用焚烧方法进行消毒。

（3）工作人员的消毒。工作人员及饲养人员及经动植物检疫机关批准的其他人员进出隔离区，隔离场饲养人员须专职。所有人员均须消毒、淋浴、更衣；经消毒池、消毒道出入。

（4）畜舍和周围环境的消毒。保持动物体、畜舍（池）和所有用具的清洁卫生，定期清洗、消毒，做好灭鼠、防毒等工作。

（5）死亡和患有特定传染病动物的消毒。发现可疑患病动物或死亡的动物，应迅速报告口岸动植物检疫机关，并立即对患病动物停留过的地方和污染的用具、物品进行消毒，患病（死亡）动物按照相关规定进行消毒处理。

（6）动物排泄物及污染物的消毒。隔离动物的粪便、垫料及污物、污水须经无害化处理后方可排出隔离场。

（二）注意事项

（1）经常更换消毒液，保持有效浓度。

（2）病死动物的消毒处理应按照有关的法律法规进行。

（3）工作人员进出隔离场必须遵守严格的卫生消毒制度。

第二章　预防接种

第一节　疫苗接种的概述

一、免疫接种后的正常反应与不良反应

（一）不良反应

根据不良反应的强度和性质，免疫接种的不良反应可分为以下 3 种类型。

1. 过敏反应

过敏反应是指疫苗本身或其培养液中存在某些过敏原，导致动物在接种疫苗后迅速出现过敏性反应。发生过敏反应的动物表现为缺氧、黏膜发绀、严重的呼吸困难、呕吐、腹泻、虚脱或惊厥等过敏性休克全身反应。

根据反应的程度和临床表现，过敏反应可分为最急性过敏、急性过敏和慢性过敏 3 种。

（1）最急性过敏。被接种疫苗后的动物在 10min 之内，迅速出现呼吸困难、口吐白沫、呕吐、无意识排便、鸣叫呻吟、站立不稳、倒地抽搐、体温降低、可视黏膜和皮肤苍白、心跳快而弱、脉沉细数、虚脱或惊厥等全身反应和过敏性休克，整个过程短则几秒钟，长者不超过 1h。如果抢救不及时，可能很快休克或死亡。

（2）急性过敏。呆立不动、精神萎靡、呼吸急促、口流涎

沫、全身肌肉颤抖、出汗、呕吐食物、拒食、强迫行走则步态不稳或突然倒地、大小便失禁、瞳孔散大、反射减弱、四肢冰凉，偶尔有鼻腔出血，猪有时可见皮疹，体温升高 1~2℃，心率增快，脉沉细数。

（3）慢性过敏型。1~3d 表现临床症状，慢食或不食，蹄部疼痛，注射部位肿胀或炎性水肿，有急性型症状，但较轻微，自然或稍微对症治疗即可痊愈。

2. 并发症

并发症是指与正常反应性质不同的反应，主要与接种生物制品性质和动物个体体质有关，只发生在个别动物，反应比较严重，需要及时救治。

（1）血清病。是由于抗原抗体复合物产生的一种超敏反应，多发生于一次大剂量注射动物血清制品后，注射部位出现红肿、体温升高、荨麻疹、关节痛等，需要精心护理和注射肾上腺素等。

（2）过敏性休克。个别动物于注射疫苗后 30min 内出现不安、呼吸困难、四肢发冷、出汗、大小便失禁等，须立即救治。

（3）全身感染。指活疫苗接种后因机体防御功能不全或遭到破坏时发生的全身感染和诱发潜伏感染，或因免疫器具消毒不彻底致使注射部位或全身感染。

（4）变态反应。多为荨麻疹。

3. 严重反应

严重反应指与正常反应在性质上相似，但反应的程度重或出现反应的动物数量较多。引起严重反应的原因通常是由于疫苗的质量低劣、毒（菌）株的毒力太强、注射剂量过大、操作失误、接种途径或使用对象不准等因素引起。

（二）正常反应

正常反应是指疫苗本身的特性引起的反应。大多数动物在接种疫苗后不会出现明显的不良反应；少数动物在接种疫苗后，常常出现一过性的精神沉郁，食欲下降，注射部位出现短时轻度炎性水肿等局部或全身性异常表现。

在免疫接种过程中，出现不良反应的强度和性质与疫（菌）苗的种类、质量、毒性以及动物个体和品种差异、接种时操作方法、被免疫动物健康状况等因素有关，主要表现为：免疫接种途径错误，操作不规范；注射疫（菌）苗剂量过大，部位不准确；疫（菌）苗储藏、运输等不当，质量不高；接种前临床检查不细，带病接种疫苗；接种对象错误，忽视品种和个体差异或过早接种疫（菌）苗。

二、急救措施

在注射免疫接种前，必须备足备好抢救药品，随时准备应急。免疫接种后如产生严重不良反应，应根据不同的反应及时进行救治，常用的急救措施有抗休克、抗过敏、抗炎症、抗感染、强心补液、镇静解痉等。局部处理常用的措施有消炎、消肿、止痒，对神经、肌肉、血管损伤等病例采用理疗、药疗和手术的方法治疗。对合并感染的病例应用抗生素治疗。

（一）急性过敏

快速皮下注射 1g/L 盐酸肾上腺素，牛 2～5mg，猪、羊 0. 2～0. 6mg；肌肉注射盐酸异丙嗪（非那根），牛 250～500mg，猪、羊 50～100mg；地塞米松磷酸钠，牛 10～20mg，猪、羊 5～10mg（孕畜禁用）。

（二）慢性过敏

对症治疗，在用止痛消炎和助消化药的同时，静脉注射 100g/L 葡萄糖酸钙，牛 200～300mL，猪、羊 50～150mL，一般 3～7d 痊愈。

（三）最急性过敏

对濒临休克或已经休克的动物，根据个体大小，迅速注射以下几种药物。

（1）皮下注射 1g/L 盐酸肾上腺素，牛 2~5mg，猪、羊 0.1~1mg。根据病程缓解程度，20min 后重复注射同剂量 1 次。

（2）肌肉注射盐酸异丙嗪（非那根），牛 250~500mg，猪、羊 50~100mg。

（3）肌肉注射地塞米松磷酸钠，牛 10~30mg，猪、羊 4~12mg（孕畜禁用）。

同时，针刺耳尖、尾根、蹄头、大脉穴等少量放血，然后用去甲肾上腺素，牛 8~10mg，猪、羊 2~5mg，加 100g/L 葡萄糖注射液中（牛 1 500mL，猪、羊 500mL）静滴。动物苏醒后，换成 50g/L 葡萄糖注射液，加入维生素 C、维生素 B_6 或复合维生素（牛 500~1 000mL，猪、羊 300~500mL）静滴。最后再用 50g/L 的碳酸氢钠（牛 500~1 000 mL，猪、羊 300~500mL）静滴。

第二节　紧急预防接种

一、紧急预防接种的使用对象及原则

紧急免疫接种是当发生传染病流行时，为了迅速控制和扑灭疫病，对疫区和受威胁区尚未发病的动物进行的应急性免疫接种。紧急免疫接种应根据动物疫病种类和当地疫病流行情况制订紧急免疫接种计划，选择免疫血清或疫苗，确定免疫动物、免疫剂量、途径、时间等。

二、动物免疫失败的原因

免疫反应是一个复杂的生物学过程，免疫效果受到多种因

素的影响，如疫苗的质量、环境因素、母源抗体水平、免疫抑制性疾病、营养因素、免疫方法及应激因素等均可能与免疫失败有关。

（一）疫苗使用不当

疫苗使用不当是常见的影响免疫效果的因素，主要包括疫苗稀释不当、免疫操作不当、免疫程序不合理等。

1. 免疫程序不合理

如接种时间和次数的安排不恰当，不同疫苗之间相互干扰。如经气雾、滴鼻、点眼或饮水进行鸡新城疫免疫后，在 7d 内以同样方法接种鸡传染性支气管炎疫苗时，其免疫效果受影响；如接种鸡传染性支气管炎疫苗后 2 周内接种鸡新城疫疫苗，其效果不好；鸡传染性喉气管炎弱毒疫苗接种前后 1 周内接种鸡传染性支气管炎疫苗或鸡新城疫、传染性支气管炎联苗时，鸡传染性喉气管炎免疫效果降低等。

2. 疫苗稀释不当

没有按规定使用指定稀释液配制。饮水免疫时没有加脱脂乳，饮水免疫中使用了含氯的自来水，使用了金属饮水器或饮水器中有残留的消毒药。气雾免疫中没按规定量使用疫苗，疫苗稀释中没按规定使用去离子水或蒸馏水等。

3. 在使用活疫苗免疫前后 7d 内使用抗菌药物

在使用活疫苗免疫前后 7d 内使用抗菌药物，会影响免疫效果。

4. 操作不当

如饮水免疫时，饮水器数量过少，动物饮水不均匀；饮水免疫前断水，因而免疫动物饮水时间太长，造成疫苗效力下降；实施气雾免疫时未调试好喷雾器，造成雾滴过大或过小等；注射免疫时，注射器定量控制失灵；针头过短、过粗，拔出针头后，疫苗从针孔溢出；有时打“飞针”注射不确实。肌肉注射鸡马立克氏病疫苗时，1h 内没有注射完疫苗，此刻疫苗中的病毒量减少。滴鼻或点眼免疫时，放鸡过快，药液未完全被吸入。

（二）疫苗的质量问题

疫苗的质量好坏直接影响免疫效果。影响疫苗质量的因素，一是生产厂家生产的疫苗质量差，如效价或蚀斑量不够，油乳剂灭活疫苗乳化程度不高，抗原均匀度不好；二是由于运输、保存不当，造成疫苗失效或效力减低；三是疫苗毒株的血清型与所预防的疫病病原的血清型不一致，不能达到预防目的，如禽流感 H9 疫苗不能预防禽流感 H5 引起的禽流感。

第三节　免疫接种方法

动物的免疫方法可分为个体免疫法和群体免疫法。前者免疫途径包括注射、点眼、滴鼻、刺种、静脉注射等，后者包括饮水、拌料、气雾免疫等。选择合理的免疫接种途径可以大大提高动物机体的免疫应答能力。

（一）注射免疫接种

适用于各种灭活苗和弱毒苗的免疫接种。根据疫苗注入的组织不同，又可分为皮下注射与皮内注射、肌内注射。注射接种剂量准确、免疫密度高、效果确实可靠，在实践中应用广泛。但费时费力，消毒不严格时容易造成病原体人为传播和局部感染，而且捕捉动物时易出现应激反应。

1. 皮下接种

这种方法多用于灭活苗及免疫血清、高免卵黄抗体接种，选择皮薄、被毛少、皮肤松弛、皮下血管少的部位。大家畜宜在颈侧中 1/3 部位；猪在耳根后或股内侧；犬和羊宜在股内侧；兔在耳后；家禽在胸部或翼下，也可在头顶后的皮下。注射部位消毒后，注射者右手持注射器，左手食指与拇指将皮肤提起呈伞状，沿基部刺入皮下约注射针头的2/3，将左手放开后，再推动注射器活塞将疫苗徐徐注入。然后用酒精棉球按住注射部位，将针头拔出。

2. 皮内接种

选择皮肤致密、被毛少的部位。大家畜选择颈侧、尾根、眼睑，猪在耳根后，羊在颈侧或耳根部，鸡在肉髯部位。注射部位如有被毛的应先将其剪去，用酒精棉球消毒后，左手将皮肤捏起形成皮褶，或以左手绷紧固定皮肤，右手持注射器，使针头斜面向上，几乎与注射皮面平行刺入0.5cm左右，即可刺入皮肤的真皮层中。应注意刺时宜慢，以防刺出表皮或深入皮下。同时，注射药液后在注射部位有一小包，且小包会随皮肤移动，则证明确实注入皮内，然后用酒精棉球消毒皮肤针孔及其周围。皮内接种疫苗的使用剂量和局部副作用小，相同剂量疫苗产生的免疫力比皮下接种高。

3. 肌肉注射

多用于弱毒疫苗的接种。肌肉注射操作简便、应用广泛、副作用较小，药液吸收快，免疫效果较好。应选择肌肉丰满、血管少、远离神经干的部位。牛、马、羊、猪多在臀部及颈部，但猪以耳后、颈侧为宜。鸡宜在胸部肌肉或翅膀基部，家禽使用的针头号数及长度，应视家禽的大小及肥度确定。

（二）点眼与滴鼻

禽类眼部具有哈德氏腺，鼻腔黏膜下有丰富的淋巴样组织，对抗原的刺激都能产生很强的免疫应答反应，操作时用乳头滴管吸取疫苗滴于眼内或鼻孔内。这种方法多用于雏禽，尤其是雏鸡的首免。利用点眼或滴鼻法接种时应注意：接种时均使用弱毒苗，如果有母源抗体存在，会影响病毒的定居和刺激机体产生抗体，此时可考虑适当增大疫苗接种量。点眼时，要等待疫苗扩散后才能放开雏鸡。滴鼻时，可用固定雏鸡手的食指堵着非滴鼻侧的鼻孔，加速疫苗的吸入。

（三）皮肤刺种

常用于禽痘、禽脑脊髓炎等疫病的弱毒疫苗接种。在鸡翅膀内侧无毛处，避开血管，用刺种针蘸取疫苗刺入皮下。刺种后，要在7~10d检查免疫的效果。一般说来，正确接种后在接种部位会出现红肿、结痂反应，如无局部反应，则应检查鸡群是否处于免疫阶段，疫苗质量有无问题或接种方法是否有差错，及时进行补充免疫。

（四）静脉注射

主要用于注射免疫血清，进行紧急预防和治疗。注射部位为：马、牛、羊在颈静脉，猪在耳静脉，鸡在翅下静脉。疫苗因残余毒力等原因，一般不通过静脉注射接种。

（五）经口免疫接种

经口免疫即将疫苗均匀地混于饲料或饮水中经口服后而使动物获得免疫，可分为拌料、饮水两种方法。经口免疫效率高、省时省力、操作方便，能使全群动物在同一时间内共同被接种，对群体的应激反应小，但动物群中抗体滴度往往不均匀，免疫持续期短，免疫效果往往受到其他多种因素的影响。口服免疫时，应按动物数量和动物平均饮水量及摄食量，准确计算疫苗剂量。免疫前应停饮或停喂一段时间，疫苗混入饮水或饲料后，必须迅速口服，保证在最短的时间内摄入足量疫苗。稀释疫苗的水，应用纯净的冷水，在饮水中最好能加入0.1%的脱脂奶粉。混有疫苗的饮水及饲料的温度，以不超过室温为宜，应注意避免疫苗暴露在阳光下。用于口服的疫苗必须是高效价的活苗，可增加疫苗用量，一般为注射剂量的2~5倍。

（六）气雾免疫法

将稀释的疫苗在气雾发生器的作用下喷雾射出去，使疫苗形成 5~10μm 的雾化粒子，均匀地浮游于空气中，动物随着呼吸运动，将疫苗吸入而达到免疫。气雾免疫分为气溶胶免疫和喷雾免疫两种形式，其中，气溶胶免疫最为常见。气雾免疫法不但省力，而且对少数疫苗特别有效，适用于大群动物的免疫。进行气雾免疫时，将动物赶入圈舍，关闭门窗，尽量减少空气流动，喷雾完毕后，动物在圈内停留 20~30min 即可放出。

第四节　免疫反应的处置

一、观察免疫接种后动物的反应

免疫接种后，防疫员要注意观察接种动物反应情况，仔细观察饮食、精神、大小便、体温等有无异常变化，对接种后副反应严重或发生过敏反应的要及时抢救、治疗，并应予以登记和向畜主解释清楚。

二、处理动物免疫接种后的不良反应

因个体差异，个别动物在免疫后会出现不同程度的变态反应。其中，多数出现反应的动物，主要表现为轻度精神不振、食欲减退、体温稍有升高、产奶量或产蛋量小幅下降等现象，这种情况一般不需要特殊治疗，经过 1~3d 后可恢复正常。少数动物因个体差异，注射疫苗后会出现急性过敏反应，表现为呼吸加快、可视黏膜充血及水肿、肌肉震颤、口角出现白沫、倒地抽搐等，这种情况常因抢救不及时或抢救方法不当造成动物死亡。

对在疫苗免疫过程中出现免疫副反应、且反应严重的动物，可迅速皮下注射 0.1%盐酸肾上腺素 5mg，马、牛：2~5mg/次；羊、猪：0.2~1mg/次；犬：0.1~0.5mg/次；猫：0.1~0.2mg/次。视病情缓解程度，20min 后可以相同剂量重复注射一次。

三、不良免疫反应的预防

为避免和减少动物在疫苗接种过程中出现免疫副反应，防疫员在注射疫苗前应仔细阅读说明书，认真调查免疫动物的健康状况，对病畜、瘦弱畜和临产母畜可不进行免疫注射，待动物机体恢复正常后再行免疫。对曾有过疫苗反应病史的动物，建议在注射疫苗前，先皮下注射0.1%盐酸肾上腺素或盐酸异丙嗪药物后注射疫苗，预防和减少不良反应的发生。

第五节　运输、保存疫苗

一、疫苗储存、运输的注意事项

（1）疾病预防控制机构、接种单位、疫苗批发企业在接收或者购进疫苗时，应当索取和检查疫苗生产企业、疫苗批发企业提供的《疫苗流通和预防接种管理条例》第五条规定的证明文件及资料。收货时应核实疫苗运输的设备、时间、温度记录等资料，并对疫苗品种、剂型、批准文号、数量、规格、批号、有效期、供货单位、生产厂商等内容进行验收，做好记录。符合要求的疫苗，方可接收。

（2）疾病预防控制机构、接种单位储存的疫苗因自然灾害等原因造成过期、失效时，按照《医疗废物管理条例》的规定进行集中处置。

（3）疫苗生产企业、疫苗批发企业在销售疫苗时，除提供按照《疫苗流通和预防接种管理条例》第十七条规定的文件外，同时应提供疫苗运输的设备、时间、温度记录等资料。疾病预防控制机构在供应或分发疫苗时，应提供疫苗运输的设备、时间、温度记录等资料。

（4）疾病预防控制机构、接种单位应定期对储存的疫苗进行检查并记录，发现质量异常的疫苗，应当立即停止供应、分发和接种，并及时向所在地的县级卫生行政部门和食品药品监督管理部门报告，不得自行处理。接到报告的卫生行政部门应当及时组织疾病预防控制机构和接种单位采取必要的应急处置措施，同时向上级卫生行政部门报告；接到报告的食品药品监督管理部门应当对质量异常的疫苗依法采取相应措施。

（5）疾病预防控制机构、接种单位、疫苗批发企业对验收合格的疫苗，应按照温度要求储存于相应的冷藏设施设备中，并按疫苗品种、批号分类码放。

（6）疫苗生产企业、疫苗批发企业应定期对储存的疫苗进行检查并记录。发现质量异常或超过有效期等情况，应及时采取隔离、暂停发货等措施，并及时报告所在地食品药品监督管理部门处理；接到报告的食品药品监督管理部门应当对质量异常或过期的疫苗依法采取相应措施。

（7）疫苗的收货、验收、在库检查等记录应保存至超过疫苗有效期 2 年备查。

（8）疫苗生产企业、疫苗批发企业应指定专人负责疫苗的发货、装箱、发运工作。发运前应检查冷藏运输设备的启动和运行状态，达到规定要求后，方可发运。

（9）疾病预防控制机构、疫苗生产企业、疫苗批发企业使用的冷藏车或配备冷藏设备的疫苗运输车在运输过程中，温度条件应符合疫苗储存要求。

二、疫苗储存、运输的监测

（1）疾病预防控制机构、接种单位、疫苗生产企业、疫苗批发企业应按以下要求对储存疫苗的温度进行监测和记录。①应采用自动温度记录仪对普通冷库、低温冷库进行温度记录。②应采用温度计对冰箱（包括普通冰箱、冰衬冰箱、低温冰箱）进行温度监测。温度计应分别放置在普通冰箱冷藏室及冷冻室的中间位置、冰衬冰箱的底部及接近顶盖处、低温冰箱的中间位置。每天上午和下午各进行一次温度记录。③冷藏设施设备温度超出疫苗储存要求时，应采取相应措施并记录。④疾病预防控制机构、疫苗生产企业、疫苗批发企业应对运输过程中的疫苗进行温度监测并记录。记录内容包括疫苗名称、生产企业、供货（发送）单位、数量、批号及有效期、启运和到达时间、启运和到达时的疫苗储存温度和环境温度、运输过程中的温度变化、运输工具名称和接送疫苗人员签名。

（2）疾病预防控制机构、接种单位、疫苗生产企业、疫苗批发企业必须按照《中华人民共和国药典》（现行版）、《预防接种工作规范》等有关疫苗储存、运输的温度要求，做好疫苗的储存、运输工作。对未收入药典的疫苗，按照疫苗使用说明书储存和运输。

三、疫苗储存、运输的设施设备

（1）省级疾病预防控制机构、疫苗生产企业、疫苗批发企业应具备符合疫苗储存、运输温度要求的设施设备。①用于疫苗储存的冷库，容积应与生产、经营、使用规模相适应。②冷库应配有自动监测、调控、显示、记录温度状况以及报警的设备，备用发电机组或安装双路电路，备用制冷机组。③用于疫苗运输的冷藏车。④冷藏车应能自动调控、显示和记录温度状况。

（2）设区的市级、县级疾病预防控制机构应具备符合疫苗储存、运输温度要求的设施设备。①专门用于疫苗储存的冷库或冰箱，容积应与使用规模相适应。②冷库应配有自动监测、调控、显示、记录温度状况以及报警的设备，备用发电机组或安装双路电路，备用制冷机组。③用于疫苗运输的冷藏车或配有冷藏设备的车辆。④冷藏车应能自动调控、显示和记录温度状况。

（3）乡级预防保健服务机构应配备冰箱储存疫苗，使用配备冰排的冷藏箱（包）运输疫苗，并配备足够的冰排供村级接种单位领取疫苗时使用。

（4）接种单位应具备冰箱或使用配备冰排的疫苗冷藏箱（包）储存疫苗。

（5）疾病预防控制机构、疫苗生产企业、疫苗批发企业应有专人对疫苗储存、运输设施设备进行管理和维护。接种单位应对疫苗储存设备进行维护。

（6）疾病预防控制机构、接种单位、疫苗生产企业、疫苗批发企业应建立健全疫苗储存运输设施设备档案，并对疫苗储存、运输设施设备运行状况进行记录。

第三章　病料的采集与运输

第一节　常用组织样品保存剂的配制

一、30%甘油缓冲溶液配制

纯净甘油30mL、氯化钠0.5g、磷酸氢二钠1g、0.02%酚红1.5mL、中性蒸馏水100mL，混合后，高压蒸汽灭菌备用。

二、30%甘油生理盐水配制

30份纯净甘油（一级或二级）、70份生理盐水，混合后，经高压蒸汽灭菌备用。

三、10%福尔马林溶液

取福尔马林（40%甲醛溶液）10mL加入蒸馏水90mL即成。常用于保存病理组织学材料。

四、50%甘油生理盐水配制

50份纯甘油、50份生理盐水，混合后，经高压蒸汽灭菌备用。

五、50%甘油磷酸盐缓冲液配制

纯净甘油50份，磷酸盐缓冲液50份，混合后，经高压蒸汽灭菌备用。

六、饱和食盐水溶液

取蒸馏水 100mL，加入氯化钠 38～39g，充分搅拌溶解后，然后用滤纸过滤，高压灭菌备用。

七、棉拭子用抗生素 PBS（病毒保存液）的配制

取上述 PBS 液，按要求加入下列抗生素：喉气管拭子用 PBS 液中加入青霉素（2 000IU）、链霉素（2mg）、丁胺卡那霉素（1 000IU）、制霉菌素（1 000IU）。粪便和泄殖腔、拭子所用的 PBS 中抗生素浓度应提高 5 倍。加入抗生素后应调 pH 值至 7.4。在采样前分装小塑料离心管，每管中加这种 PBS 1.0～1.3mL。采集粪便时，在青霉素瓶中加 PBS 1.0～1.5mL，采样前冷冻保存。

第二节　动物活体样品的采集

一、猪活体的样品采集

（一）扁桃体采取

（1）器材准备。洁净的扁桃体采集器（包括开口器、保定器、采样枪、手电筒）、灭菌离心管（1.5mL）、记号笔。

（2）采样。固定猪只，用开口器开口，可以看到突起的扁桃体，把采样枪枪头钩在扁桃体上，快速扣动扳机取出扁桃体置于灭菌离心管中，冷藏送检。

（二）鼻腔拭子、咽拭子采集

（1）器材准备。灭菌离心管（1.5mL），记号笔，灭菌剪刀，灭菌棉拭子，样品保存液。

常用的样品保存液有含抗生素的 PBS 保存液（pH 值 7.4）、

灭菌肉汤（pH 值 7.2~7.4）或 30%甘油盐水缓冲液。若准备将待检标本接种组织培养，则应保存于含 0.5%乳蛋白水解液中。

（2）采样。①每个灭菌离心管中加入 1mL 样品保存液。②用灭菌的棉拭子在鼻腔或咽喉转动至少 3 圈，采集鼻腔、咽喉的分泌物。③蘸取分泌物后，立即将拭子浸入保存液中，剪去露出部分，盖紧离心管盖，做好标记。密封低温保存。

（三）肛拭子采集

采集方法同鼻腔拭子、咽拭子采集方法，只是采集部位是肛门或泄殖腔内容物和分泌物。

二、牛羊活体的样品采集

牛、羊 O-P 液（咽食道分泌物）的采集方法

（1）器材准备。灭菌广口瓶（20~30mL），记号笔，样品保存液，探杯。探杯消毒液：0.2%柠檬酸或 1%~2%氢氧化钠溶液。灭菌塑料桶 2 个（100~200mL）。细胞培养液：0.5%水解乳蛋白-Earle 液或磷酸缓冲液（0.04moL/L、pH 值 7.4）。

（2）采样。①被检动物在采样前禁食（可饮少量水）12h。将采样探杯在使用前放入装有 0.2%柠檬酸或 1%~2%氢氧化钠溶液的塑料桶中浸泡 5min。②观察被检动物的吞咽动作。将消毒过的采样探杯用与动物体温一致的清水冲洗。③站立保定被检动物，将探杯随吞咽动作送入食道上部 10~15cm 处，轻轻来回抽动 2~3 次，然后将探杯拉出。取出 8~10mL O-P 液，倒入含有等量细胞培养液（0.5%水解乳蛋白-Earle 液）或磷酸缓冲液（0.04moL/L、pH 值 7.4）的灭菌广口瓶中，充分摇匀加盖封口、标记，放冷藏箱及时送检，未能及时送检应置于-30℃冷冻保存。

（3）注意事项。①采集多头动物样品时，每采完一头动物，探杯要重复进行消毒并充分清洗。②放入动物体内的探杯要与

动物的体温一致。

三、家禽活体的样品采集

（一）家禽喉拭子和泄殖腔拭子采集

（1）器材准备。无菌棉签，含有 1mL 含青霉素、链霉素各 3 000IU 的 pH 值为 7.2 的 PBS 的 1.5mL 离心管。

（2）采样。取无菌棉签，插入鸡喉头内或泄殖腔转动 3 圈，取出，插入上述离心管中，剪去露出部分，盖紧瓶盖，做好标记。

（3）样品保存。24h 内能及时检测的样品可冷藏保存，不能及时检测的样品应-20℃保存。

（二）羽毛采集

（1）器材准备。灭菌滴管，灭菌的小试管或 1.5mL 离心管，蒸馏水，记号笔，灭菌剪刀。

（2）采样。拔取受检鸡含羽髓丰满的翅羽或身上其他部位大羽；将含有羽髓的羽根部分按编号分别剪下收集于小试管内，于每管内滴加蒸馏水 2~3 滴（羽髓丰满时也可不加），用玻璃棒将羽根挤压于试管底，使羽髓浸出液流至管口，用滴管将其吸出。

四、粪便样品的采集

（一）用于病毒检验的样品

（1）器材准备。灭菌棉拭子、灭菌试管、pH 值 7.4 的样品保护液、记号笔、乳胶手套、压舌板。

（2）采样方法。①少量采集时，以灭菌的棉拭子从直肠深处或泄殖腔黏膜上蘸取粪便，并立即投入灭菌的试管内密封，或在试管内加入少量 pH 值 7.4 的保护液再密封。②采集较多量的粪便时，可将动物肛门周围消毒后，用器械或用带橡胶手套的手伸入直肠内取粪便，也可用压舌板插入直肠，轻轻用力下压，刺激排粪，收集粪便。所收集的粪便装入灭菌的容器内，经密封并贴上标签。

（3）样品保存。立即冷藏或冷冻送实验室。

（二）用于细菌检验的粪便样品

采样方法与供病毒检验的方法相同。但采集的样品最好是在动物使用抗菌药物之前的样品，从直肠或泄殖腔内采集新鲜粪便。

粪便样品较少时，可投入无菌缓冲盐水或肉汤试管内；较多量的粪便则可装入灭菌容器内，贴上标签后冷藏送实验室。

（三）用于寄生虫检验的粪便样品

采样方法与供病毒检验的方法相同。应选自新排出的粪便或直接从直肠内采集，以保持虫体或虫体节片及虫卵的固有形态。

一般寄生虫检验所用粪便量较多，需采取5~19g新鲜粪便，大家畜一般不少于60g，并应从粪便的内外各层采取。粪便样品以冷藏不冻结状态保存。

五、皮肤样品采集

（1）器材准备。消毒的凸刃小刀、消毒的剪刀、洁净平皿、洁净玻片、记号笔。

（2）采样方法。活动物的病变皮肤，如有新鲜的水疱皮、结节、痂皮等可直接剪取3~5g。

活动物的寄生虫病，如济螨、痒螨等，在患病皮肤与健康皮肤交界处，用凸刃小刀，刀刃与皮肤表面垂直，刮取皮屑，直到皮肤轻度出血，接取皮屑供检验。

六、脓汁

（1）器材准备。灭菌棉拭子、灭菌注射器、记号笔、灭菌离心管、灭菌剪刀。

(2) 样品要求。做病原菌检验的，应在未用药物治疗前采集。

采集已破口脓灶脓汁，宜用灭菌棉拭子蘸取，置入灭菌离心管中，剪去露出部分，盖紧离心管盖，做好标记。密封低温保存，及时送检。

未破口脓灶，用灭菌注射器抽取脓汁，密封低温保存，及时送检。

七、尿液样品

动物排尿时，用洁净容器直接接取。也可使用塑料袋，固定在雌畜外阴部或雄畜的阴茎下接取尿液。采取尿液，宜早晨进行。也可以用导管导尿或膀胱穿刺采集。

八、生殖道样品

生殖道样品主要包括动物流产排出的胎儿、死胎、胎盘、阴道分泌物、阴道冲洗液、阴茎包皮冲洗液、精液、受精卵等。

(1) 流产胎儿及胎盘。可按采集组织样品的方法，无菌采集有病变组织。也可按检验目的采集血液或其他组织。或将流产后的整个胎儿，用塑料薄膜、油布或数层不透水的油纸包紧，装入冷藏箱，放入冰袋，即送实验室。

(2) 精液。用人工方法采集，并避免加入防腐剂。

(3) 阴道、阴茎包皮分泌物。可用灭菌棉拭子从深部取样，采集后立即放入盛有灭菌肉汤等保存液的试管内，冷藏送检。亦可将阴茎包皮外周、阴户周围消毒后，以灭菌缓冲液或汉克氏液冲洗阴道、阴茎包皮，收集冲洗液。

九、关节及胸腹腔积液的采集

(1) 皮下水肿液和关节囊（腔）渗出液。用灭菌注射器从积液处抽取。

（2）胸腔渗出液。在牛右侧第五肋间或左侧第六肋间用灭菌注射器刺入抽取，马在右侧第六肋间或左侧第七肋间刺入抽取。

（3）腹腔积液。采集牛腹腔积液，在最后肋骨的后缘右侧腹壁作垂线，再由膝盖骨向前引一水平线，两线交点至膝盖骨的中点为穿刺部位，用灭菌注射器抽取；马的腹腔积液穿刺抽取部位只能在马左腹侧。

十、乳汁

先用消毒药水洗净（取乳者的手亦应事先消毒）动物乳房，并把乳房附近的毛刷湿，最初所挤的3~4把乳汁弃去，然后再采集10mL左右乳汁于灭菌试管中。进行血清学检验的乳汁不应冻结、加热或强烈震动。

十一、脊髓液采集方法

使用特制的专用穿刺针，或用长的封闭针头（将针头稍磨钝，并配以合适的针芯）；采样前，术部及用具均按常规消毒。

（1）颈椎穿刺法。穿刺点为环枢孔。动物应站立或横卧保定，使其头部向前下方屈曲，术部经剪毛消毒，穿刺针与皮肤面呈垂直缓慢刺入。将针体刺入蛛网膜下腔，立即拔出针芯，脑脊髓液自动流出或点滴状流出，盛入消毒容器内。大型动物颈部穿刺一次采集量35~70mL。

（2）腰椎穿刺法。穿刺部位为腰荐孔。动物应站立保定，术部剪毛消毒后，用专用的穿刺针刺入，当刺入蛛网膜下腔时，即有脑脊髓液呈滴状滴出或用消毒注射器抽取，盛入消毒容器内。大型动物腰椎穿刺一次采集量为15~30mL。

第三节　样品的保存

正确的病料保存方法，是病料保持新鲜或接近新鲜状态的根本保证，是保证检测结果准确无误的重要条件。

一、微生物检验材料的保存

（1）液体病料。黏液、渗出物、胆汁、血液等，最好收集在灭菌的小试管或青霉素瓶中，密封后用纸或棉花包裹，装入较大的容器中，再装瓶（或盒）送检。

用棉拭子蘸取的鼻液、浓汁、粪便等病料，应将每支棉拭子剪断或烧断，投入灭菌试管内，立即密封管口，包装送检。

（2）实质脏器。在短时间内（夏季不超过 20h，冬季不超过 2d）能送到检验单位的，可将病料的容器放在装有冰块的保温瓶内送检。短时间不能送到的，供细菌检查的，放于灭菌流动石蜡或灭菌的 30%甘油生理盐水中保存；供病毒检查的，放于灭菌的 50%甘油生理盐水中保存。

二、血清学检验材料的保存

一般情况下，病料采取后应尽快送检，如远距离送检，可在血清中加入青霉素、链霉素防腐败。除了做细胞培养和试验用的血清外，其他血清还可加 0. 08%叠氮钠、0. 5%石炭酸生理盐水等防腐剂。另外，还应避免使样品接触高温和阳光，同时严防容器破损。

三、毒物中毒检验材料的保存

检样采集后，内脏、肌肉、血液可合装一清洁容器内，胃内容物与呕吐物合装一容器内，粪、尿、水、饲料等应分别装瓶，瓶上要贴有标签，注明病料名称及保存方法等。然后严密包装，在短时间内应尽快送实验室检验或派专人送指定单位检验。

四、病理组织检验材料的保存

采取的病料通常使用10%福尔马林固定保存。冬季为防止冰冻可用90%酒精，固定液用量要以浸没固定材料为宜。如用10%福尔马林溶液固定组织时，经24h应重新换液1次。神经系统组织（脑、脊髓）需固定于10%中性福尔马林溶液中，其配制方法是在福尔马林液的总容积中加5%~10%碳酸镁。在寒冷季节，为了避免病料冻结，在运送前，可将预先用福尔马林固定过的病料置于含有30%~50%甘油的10%福尔马林溶液中。

第四节　样品的运送

一、样品的包装

装载样品的容器可选择玻璃的或塑料的，可以是瓶式、试管式或袋式。容器必须完整无损，密封不漏出液体。装供病原学检验样品的容器，用前彻底清洁干净，必要时经清洁液浸泡，冲洗干净后以干热或高压灭菌并烘干。如选用塑料容器，能耐高压的经高压灭菌，不能耐高压的经环氧乙烷熏蒸消毒或紫外线距离20cm直射2h灭菌后使用。根据检验样品性状及检验目的选择不同的容器，一个容器装量不可过多，尤其液态样品不可超过容量的80%，以防冻结时容器破裂。装入样品后必须加盖，然后用胶布或封箱胶带固封，如是液态样品，在胶布或封箱胶带外还须用熔化的石蜡加封，以防止外泄。如果选用塑料袋，则应用两层袋，分别用线结扎袋口，防止液体漏出或入水污染样品。

每个样品应单独包装，在样品袋或平皿外粘贴标签，标签应注明样品名、样品编号、采样日期等。装拭子样品的小塑料离心管应放在特定塑料盒内。血清样品装于小瓶时应用铝盒盛放，盒内加填塞物避免小瓶晃动，若装于小塑料离心管中，则应置于塑料盒内。包装袋、塑料盒及铝盒应贴封条，封条上应有采样人签章，并注明贴封日期，标注放置方向。

二、样品的运送

所采集的样品以最快最直接的途径送往实验室。如果样品能在采集后 24h 内送抵实验室，则可放在 4℃左右的容器中运送。只有在 24h 内不能将样品送往实验室并不致影响检验结果的情况下，才可把样品冷冻，并以此状态运送。根据试验需要决定送往实验室的样品是否放在保存液中运送。

要避免样品泄漏。装在试管或广口瓶中的病料密封后装在冰瓶中运送，防止试管和容器倾倒。如需寄送，则用带螺口的瓶子装样品，并用胶带或石蜡封口。将装样品的并有识别标志的瓶了放到更大的具有坚实外壳的容器内，并垫上足够的缓冲材料。空运时，将其放到飞机的加压舱内。

制成的涂片、触片、玻片上注名号码，并另附说明。玻片两端用细木条分隔开，层层叠加，底层和最上一片，涂面向内，用细线包扎，再用纸包好，在保证不被压碎的条件下运送。

所有样品都要贴上详细标签。各种样品送实验室后，应按有关规定冷藏或冷冻保存。须长期保存的样品应置超低温冷冻（以-70℃或以下为宜）保存，避免反复冻融。

第四章　药品与医疗器械

第一节　药品剂型

剂型是指药物经过加工制成便于使用、保存和运输等的一种形式。兽药剂型按照给药途径和应用方法，可分为经胃肠道给药的剂型和不经胃肠道给药的剂型两大类。前者如散剂、冲剂、丸剂、片剂、糊剂、胶囊剂、糖浆剂、合剂等；后者又可分为注射给药剂型（如注射剂）、黏膜给药剂型（如滴鼻剂、点眼剂）、皮肤给药剂型（如涂皮剂、洗剂、擦剂、软膏剂等）及呼吸道给药剂型（如吸入剂、气雾剂等）。兽药剂型按照形态可分为液体剂型、固体剂型、半固体剂型、气体剂型四大类。

一、气体剂型

气雾剂：是将药物和抛射剂（液化气体或压缩气体）包装于特制的耐压容器中制成的，以雾状、微粉或烟雾状喷出的制剂，是液体微粒或固体微粒分散在气体介质中而形成的分散形式。吸入给药治疗呼吸系统疾病，具有速效定位的特点，亦可用皮肤黏膜给药及配合空间消毒。

二、固体剂型

（1）散剂。是将一种或多种药物粉碎后均匀混合而成的粉末状剂型，供混饲、混饮、内服或外用，如清瘟败毒散、马杜霉素散等。

（2）冲剂。是将中草药以水煮沸或以其他方法提取后，再进一步浓缩成稠膏，以适量原药粉或蔗糖与之混合成颗粒状，服用时用开水或温开水冲服，适合集约化患病畜群混饮使用，如板蓝根冲剂。

（3）丸剂。是由药物与赋形剂造成的圆球状内服制剂。

（4）片剂。是将一种或多种药物与赋形剂混匀后制成颗粒，用压片机压制成圆片状的剂型，如增效联磺片、土霉素片等。

（5）胶囊剂。是将药物盛于空胶囊内制成的剂型，如环丙沙星胶囊、头孢氨苄胶囊等。

三、半固体剂型

（1）软膏剂。是将药物与适宜的基质混合均匀，制成容易涂布于皮肤或黏膜上的半固体外用制剂，如克霉唑软膏等。

（2）糊剂。是将大量粉状药物（25%以上）与脂肪性或水溶性基质混匀，制成的半固体制剂，如芬苯哒唑糊剂等。

（3）舔剂。是将药物与适当的辅料（如淀粉、米粥等）混合调制成粥状的剂型，适用于投喂少量对口腔无刺激性的苦味健胃药。

四、液体剂型

（1）芳香水剂、溶液剂。芳香水剂一般指挥发性芳香物质的饱和或近饱和水溶液，如薄荷水等。溶液剂一般为不挥发性药物的透明水溶液，供内服或外用，如诺氟沙星溶液、高锰酸钾溶液等。

（2）煎剂、浸剂、流浸膏。煎剂是中草药加水煮沸一定时间去渣所得的溶液；浸剂是将中草药用水（沸水、温水或冷水）浸泡一定时间后去渣所得的溶液；流浸膏是将中草药的浸出液浓缩而成，一般 1mL 相当于原中草药 1g。

（3）酊剂。是指中草药或化学药物用不同浓度的乙醇浸出或溶解而得到的溶液，如碘酊、龙胆酊、番木鳖酊等。

（4）注射剂。是指灌封于特定容器中灭菌的药物溶液、混悬液、乳浊液或粉末，供注射于组织或血管中的一种制剂。如恩诺沙星注射液、庆大霉素注射液、青霉素等。

（5）乳剂。是指两种互不相溶的液相（水相及油相）加入乳化剂后制成的乳状悬浊液，水包油乳剂多供内服或混饮，油包水乳剂多供外用。

第二节 药物保管

一、影响药物稳定性的因素

在保管药品的过程中，影响药品质量的因素分为环境因素、人为因素、药品自身因素。

（一）环境因素

1. 空气

对药品质量影响比较大的为空气中的氧气和二氧化碳。氧气易使某些药物发生氧化作用而变质；二氧化碳被药品吸收，发生碳酸化而使药品变质。一些药物在保存时密封不严与空气中的氧起化学反应或吸收空气中的二氧化碳、水分等使药品变质或失效。如乙醚密封不严易与空气中的氧反应生成有毒的过氧化物和乙醛，硫酸亚铁易氧化生成黄褐色不溶性硫酸铁。保存时密封不严，漂白粉在潮湿的条件下，可吸收二氧化碳，慢慢放出氧而使效力降低。密封不严时有些粉剂药品能吸收空气中的水分、有害气体、灰尘等影响本身质量，如活性炭吸收水分后会降低吸附作用。

2. 温度

温度过高或过低都能使药品变质。温度过高在加快药品变质中起到催化作用，药品会很快失效，例如抗生素和生物制品保存，温度过高很容易使效力降低或失效；温度过高易使软膏、胶囊剂融化、粘连、软化，使薄荷油、碘酊等挥发性药物挥发速度加快。而温度过低又易引起冻结或析出沉淀，例如甲醛在9℃以下生成聚合甲醛，灭活疫苗冻结后效力减低或失效。

3. 日光

日光中所含有的紫外线，对药品变化常起着催化作用，能加速药品的氧化、分解，可使许多药品直接发生或促使其发生化学变化（氧化、还原、分解、聚合等）而变质。例如，肾上腺素遇光可逐渐变成红色银盐和汞盐，颜色变深，毒性增大；过氧化氢（双氧水）遇光可分解生成氧和水。

4. 湿度

湿度太大或太小均对药品不好，库内的最好相对湿度在45%~75%。湿度太大，能使药品吸收空气中的水蒸气而引湿，其结果是使药品潮解、液化、稀释、变质或霉败（替米沙坦，内戊酸钻）；湿度太小，易使含结晶水的药品风化（失去结晶水），药品风化后在使用中难以掌握正确的剂量，对剧毒药品易超量而引起中毒，如硫酸阿托品、磷酸可待因、硫酸镁、硫酸钠及明矾等。

5. 时间

有些药品因其性质或效价不稳定，尽管储存条件适宜，时间过久也会逐渐变质、失效。超过有效期，有些药品因埋化性质不太稳定，易受外界因素影响。例如抗生素、生物制品、脏器制剂和某些化学药品，为了保证使用安全有效，都规定了有效期，应当在有效期内使用，过了有效期药品效力就会减低、失效或毒性增加。

（二）人为因素

人为因素包括药学人员的素质、工作态度和责任心等。

（三）药物本身因素

药品具有一定的理化性质，不同的药品其理化性质差异很大，药品的自身特性对其质量起着关键性的作用。

（1）青霉素类药品容易水解。

（2）一些含有挥发油的药品遇热极易分解。

（3）碘、碘仿、樟脑、薄荷脑、麝香草酚等具有升华性。

（4）鱼肝油乳、松节油擦剂、镁乳、氢氧化氯凝胶等易发生冻结。

（5）药用炭、白陶土、滑石粉等具有吸附性。

二、不同性质药品的保管方法

（一）一般药物的保管

1. 易受光线影响而变质药品的保管方法

主要包括遇光易引起变化的药品（如银盐、过氧化氢溶液等）和见光容易氧化、分解的药物（如肾上腺素、乙醚等）。对易受光线影响而变质药品的保管，采取的方法有：放在阴凉干燥、阳光不易直射处，门窗黑帘遮光，采用棕色瓶或黑色纸包裹的玻璃瓶包装。

2. 易受湿度影响而变质药品的保管方法

（1）对易吸湿的药品，可用玻璃瓶软木塞塞紧、蜡封、外加螺旋盖盖紧。对易挥发的药品，应密封，置于阴凉、干燥处。

（2）控制药库内的湿度，可设置除湿机、排风扇或通风器，也可辅用吸湿剂（例如石灰、木炭等）。此外，根据天气条件，分别采取下列措施：在晴朗、干燥的天气，可打开门窗，加强自然通风；当雾天、下雨或室外湿度高于室内时，应紧闭门窗，以防室外潮气侵入。

3. 易受温度影响而变质药品的保管方法

一般药品储存于室内即可，室温10~30℃；温度较高影响药品稳定性时，药品一般储存于阴凉处或冷处，阴凉处是指不超过20℃、冷处是指2~10℃。阴凉处和冷处要区别于冷冻，冷冻温度是指温度在0℃以下，如卡孕酸的储存温度需要在0℃以下。

4. 易燃、易爆危险品的主要特征及性状

（1）易爆炸品。指受到高热、摩擦、冲击后能产生剧烈反应而产生大量气体和热量，引起爆炸的化学药品，如硝酸铵、高锰酸钾等。

（2）自燃及易燃烧的药品。例如黄磷在空气中能自燃；金属钾、钠遇水后，以及碳粉、锌粉及浸油的纤维药品等极易燃烧。

（3）易燃液体。指引燃点低，易于挥发和燃烧的液体，例如乙醚、乙醇等。

（4）毒性药品。例如氰化物、亚砷酸及其盐类、汞制剂、可溶性钡制剂等。

（5）腐蚀性药品。例如硫酸、硝酸等。

5. 易燃、易爆危险品的保管原则和方法

（1）此类药品应储存于危险品库内，不得与其他药品同库储存，并远离电源，专人负责保管。

（2）危险品应分类堆放，特别是性质相抵触的物品（例如浓酸与强碱）。灭火方法不同的物品，应该隔离储存。

（3）应严禁烟火，不准进行明火操作，需要有消防安全设备（例如灭火器、沙箱等）。

（4）危险品的包装和封口必须坚实、牢固、密封，并应经常检查是否完整无损和渗漏，如果出现异常情况必须立即进行安全处理。

如果保管不恰当，药品就可能出现变质。变质的药品不仅不具备正常的药效，如果还继续使用会造成人体巨大的伤害，因此可以通过眼看、鼻闻、手摸等来进行鉴别。如果条件允许，最基本的也是最容易的方法是比较法。

6. 药品的性质改变初步识别

(1) 胶囊剂。主要看外观是否粘连、变色、变形、变软，出现漏粉、发霉现象。药品有特异臭味时不能使用。

(2) 片剂。正常的药片色白、光亮、不粘手，变质的药片颜色变黄，表面粗糙、松散、潮解、发裂、粘手，片面有晶体样的物质或出现斑点、霉斑。有些剂型糖衣片，一旦发现糖衣粘连或开裂也不能使用。

(3) 水针剂。水针剂应为澄清透明的液体；若出现浑浊、异物、霉团、沉淀或同一批号颜色不一致的情况，则表明药品已变质。

(4) 合剂和糖浆剂。一般糖浆剂和合剂应当澄清透明，无异物，少部分制剂可能有少量沉淀，但振摇均匀可分散开。如果液体中有大量沉淀或出现块状物及其他异物、霉团、瓶口标签出现霉变及破损，如果有发霉、发酵及异常酸败味，则表明药品已变质。

(5) 冲剂。正常的冲剂应为松散、色正、干燥、颗粒易滚动、不潮湿；如果出现潮湿、结块、融化、有异味或手捏成团的现象，表明已变质，应禁止使用。

(6) 中成药。此类药品若出现霉变、生虫、蜡封开裂、水丸表面无光泽、软结、表面干燥或发黏等现象，则表明药品已变质。

(7) 粉针剂。粉针剂应为粉状的松散型细粒，振摇易散开，溶解后应澄清透明。如果出现结块振摇不散、粘底、粘壁、溶解后浑浊、有异物或使用前瓶口已松动或开启，表明药品已变质。

(二) 特殊药品的储存与保管

1. 医疗用毒性药品的储存保管方法

(1) 毒性药品必须储存于专用仓库或专柜加锁，并由专人保管。库内需要有安全措施，例如警报器、监控器，并严格实行双人、双锁管理制度。

（2）对毒性药品的收发货及不可供药用的毒性药品的销毁等规定和要求与麻醉药品相同。

2. 麻醉药品和一类精神药品的储存保管方法

特殊药品除了按一般药品一样保管外，还要注意做到“五专”，即专人负责、专柜加锁、专用账册、专用处方、专册登记。

（1）由于破损、变质、过期失效而不可供药用的品种，应清点登记，单独妥善保管，并列表上报药品监督管理部门，听候处理意见。如果销毁必须由药品监督管理部门批准，监督销毁，并由监督销毁人员签字，存档备查，不能随便处理。

（2）麻醉药品的大部分品种，特别是针剂遇光变质，库（柜）应注意避光，采取遮光措施。

（3）第二类精神药品，可储存于普通的药品库内，但要加强规范管理。

3. 放射性药品的储存保管方法

（1）放射性药品应严格实行专库（柜）、双人双锁保管，专账记录。仓库需要有必要的安全措施。

（2）放射性药品的储存应有与放射剂量相适应的防护装置；放射性药品置放的铅容器应避免拖拉或撞击。

第三节　器械使用

一、离心机、消毒液机、手提高压灭菌器的工作原理

（一）离心机的工作原理

离心机是借离心力分离液相非均一体系的设备。离心机就

是利用离心机转子高速旋转产生的强大离心力，加快液体中颗粒的沉降速度，把样品中不同沉降系数和浮力密度的物质分开。

（二）消毒液机的工作原理

消毒液机在电器部分采用微机控制，设有报时蜂鸣（不设专人看管，工作结束时报时蜂鸣，提醒人们关机，及时通知该消毒液电解已结束可供使用），另设有过流、过载、短路保护、自动排风降温、宽电压等装置。

（三）手提高压蒸汽灭菌器的工作原理

在 1 个大气压（约 101. 3kPa）下，蒸汽的温度只能是100℃，这个温度只能杀死一般细菌的繁殖体，不能杀死细菌芽孢。为了提高温度，就需要增加压力。高压蒸汽灭菌器是一个密闭的金属容器，加热时蒸汽不能外溢，蒸汽不断产生，压力不断增大，水沸点也不断升高，当压力达到 103. 4kPa，温度达到 121. 3℃时，维持 15 ~ 20min，即可杀灭包括细菌芽孢在内的所有微生物，达到完全灭菌的目的。

二、离心机、消毒液机、手提高压灭菌器的使用

（一）离心机的使用

（1）离心机要放置在平整而坚实的台面上，底部的三个橡胶吸脚能够把离心机牢牢地固定在台面上。

（2）离心机必须使用单独的三孔安全插座，并配置适当的电能表及熔断体，三孔插座接地端必须有可靠的接地线。

（3）放置试样时，应将试样小心地放置于离心护管内，注意对称的离心护管内必须放入同样重量的试样，避免由于重量偏差而产生严重晃动。

（4）每根护管的底部均有一只橡皮衬垫，在开机前应对每根护管进行检查，如一管内无，而另一管内有 1 只或 2 只等情况，将产生偏差而使转盘晃动。

（5）接通电源前，应保证转速旋钮处在“0”的位置。

（6）接通电源，顺时针转动转速旋钮，旋至所需的转速位置，转头开始旋转，离心机开始工作。

（7）工作一段时间后，当需要停止离心机工作时，将转速旋钮逆时针转回“0”的位置，转头开始减速，等到转头完全停止转动后方可取出试样。必须让转头自行减速，切勿用外力强行制动，以免发生危险。

（8）离心机使用完毕后，切断电源，将其置于干燥、通风、阴凉处，并保持其清洁。

（9）离心机应定期检修，至少每年 1 次。转轴上应常加润滑油。启动后如有不正常声音或剧烈震动，应马上关闭电源，检查故障原因。

（10）使用过程中应注意避免碰到强酸、强碱而产生腐蚀。

（二）消毒液机的使用方法

（1）从杯体内取出量勺、量杯。

（2）用量勺取食盐一勺（约 15g），倒入量杯内。

（3）向量杯内注入 300mL 自来水（清水），搅拌使食盐溶解于水中。

（4）将量杯内食用盐溶液倒入发生器杯内，并用量杯再加 200mL 清水倒入发生器杯体内。

（5）盖上杯盖，将电源插头插入电源插座，红灯开始闪烁。

（6）按下启动键，红灯亮表示发生器开始工作，杯内出现泉涌现象。

（7）20min 后，红灯灭，绿灯开始闪烁并有音乐提示，发生器自动停止工作，即生成可以使用的消毒液原液。拔下电源插头，将消毒液倒入塑料瓶或玻璃瓶中，然后可以将原液稀释后使用。

（8）用完后将发生器杯体用清水清洗干净。注意，不要让水进入到电器仓内。

（三）手提高压蒸汽灭菌器的使用方法

（1）放置待灭菌的物品。将待灭菌的物品予以妥善包扎，放入灭菌桶容器内，各包之间应留有间隙，按顺序堆放在灭菌桶的筛板上，这样有利于蒸汽的穿透，可提高灭菌效果。

（2）加水。在主体内加入适量清水，水位一定要超过电热管。连续使用时，必须在每次灭菌前补足上述水量，以免干热使电热管烧坏。

（3）密封。将放置好物品的灭菌桶放在主体内，然后把盖上的放气软管插入灭菌桶内侧的半圆槽内，对正盖与主体的螺栓槽，按顺序将相应方位的翼形螺母均匀旋紧，使盖与主体密合。

（4）加热。将灭菌器接上与铭牌标志电压一致的电源，在加热开始时打开排气阀，使冷空气随着加热由桶内逸出，待有较急的蒸汽喷出时关闭排气阀。此时压力表指针会随着加热逐渐上升，指示出灭菌器内的压力。

（5）灭菌。当压力到达 103.4kPa、温度达到 121.3℃时，开始计算灭菌所需时间，并使之维持 15~20min。

（6）取物。到了灭菌时间后，停止加热，待压力降至正常大气压才能开盖取物。

（7）干燥。对于在灭菌后需要迅速干燥的物品，可在灭菌终了时将灭菌器内的蒸汽通过放气阀迅速排出，待压力表指针回复至“0”位，再稍待 1~2min，然后将盖打开继续加热 10~15min，使物品上残留的水蒸气得到蒸发，随后将电源开关拨到“关”，停止加热。

（8）冷却。在对液体灭菌时，当灭菌时间终了时，切勿立即将灭菌器内的蒸汽排出，否则由于液体的温度未能迅速下降，而压力蒸汽突然释放，会使液体剧烈沸腾造成溢出或容器爆裂等危险事故，所以在灭菌终了时必须将电源开关拨至“关”，停止加热，待其冷却直至压力指针回复至“零”位，再等待数分钟后，打开放气阀，排去余气后，才能将盖开启。

第四节　器械保管

一、常用仪器的保管和维护

（一）恒温培养箱

1. 构造

恒温培养箱有隔水式恒温培养箱和电热式恒温培养箱两种。隔水式恒温培养箱是以金属制的储水夹层保温，箱外有加水孔和水位指标，除外层箱门外，还有一个内层玻璃门，箱顶有温度计和排气孔；在门旁侧，有温度调节器和指示灯泡，多用浸入式电热管加热。电热式恒温培养箱也是由外壁和内壁两层的空腔和电热丝组成，是用电热丝直接加热外壁和内壁之间有绝缘保温的石棉板，内壁是铜（或铁）制的热传导板，温箱底上有电炉丝，而温度调节器、指示灯、温度计和排气孔等与隔水式恒温培养箱相同。

2. 保管

（1）应放置在平整坚实的台面上，注意保持平稳。

（2）必须使用单独的三孔插座并配置适当的电表及熔断体，三孔插座的接地端应有可靠的接地线。

（3）应放置在干燥、通风处，并保持清洁。

（4）电源线不可缠绕在金属物上或放置在潮湿的地方；必须防止橡胶老化导致漏电。

（5）若不经常使用或使用完毕后，感温探头头部要用保护帽套住。

3. 使用

（1）隔水式恒温培养箱在通电前应先加水到达规定指示处，

同时应经常检查水位，及时添加温水。电热式恒温培养箱在使用时，应将风顶适当旋开以利调节箱内温度；应在箱内放一个盛水的容器，以保持一定的湿度；箱内底板因接近电炉丝，不宜放置培养物。

（2）为了便于热空气对流，箱内培养物不宜放置过挤。无论放入或取出培养物，都应随手关闭箱门，以免影响箱内温度。

（3）应经常注意箱上温度计所指示的温度是否与所需要温度相符。

（4）使用完毕，应及时切断电源并将旋钮转至零位，确保安全。

（二）电热干燥箱

（1）构造。普通的干燥箱由双层铁板构成，中腔加石棉板以防散热。底部为热源装置，热源多为电热器。干燥箱有自动调节器，以保持温度恒定。有的干燥箱加鼓风机，可使箱内温度均匀；顶部有排气孔和温度计。

（2）保管。同恒温培养箱。

（3）使用和维护。电热干燥箱主要用于玻璃器皿和金属制品等的干热灭菌和干燥用。

（4）必须使用单独的三孔插座并配置适当的电表及熔断体，三孔插座的接地端必须有可靠的接地线。

（5）灭菌时，装好待灭菌物品，关闭箱门，接通电源，开始加热，应开启箱顶上的活塞通气孔，将冷空气排出，待温度升至60℃时，将活塞关闭。灭菌时，可使温度升至160℃，维持1~2h。若仅需达到干燥目的，可一直开启活塞通气孔，温度只需60℃左右即可。

（6）物品在箱内放置不宜过挤，应保证空气流动畅通，达到灭菌效果；干燥箱底板因接近电热器故不宜放置物品。

（7）在通电使用时，切忌用手触及箱左侧空间内的电器部分或用湿布揩抹及用水冲洗。

（8）每次使用完后，必须将电源切断，为避免玻璃器皿炸裂，待箱内温度降低至60℃以下时，方可打开箱门，取出物品。

（9）工作时应有专人监测箱内温度，温度不能超过170℃，以免棉塞或包扎纸被烤焦。

（三）电冰箱

1. 保管、使用

（1）电冰箱应放在干燥通风处，四周应留有10cm左右的空隙，以利冷凝器散热。不要放在受阳光直射或靠近热源的地方。

（2）电冰箱要放置平稳，以防产生震动和噪声。

（3）搬运时，应避免碰撞或剧烈震动；箱体倾斜角不得大于45°，以免损坏制冷系统。

（4）放置电冰箱的环境不能有可燃气体。

2. 使用

（1）必须使用单独的三孔插座并配置适当的电能表及熔断体，三孔插座的接地端应有可靠的接地线。

（2）使用时将温度调节旋钮旋至所需温度刻度；电冰箱门应尽量少开；箱内物品不可放置过多过密，以免影响空气流动；箱内不可放置腐蚀性物品；菌种和病理标本等污染物品，应包装严密，单独隔离存放；高于室温的物品，必须冷却后才能放入。

3. 维修保养

（1）电冰箱要保持清洁，定期用吸尘器、软毛刷清除冷凝器翅片上的灰尘等，以保持良好的散热条件。

（2）要经常除霜。当蒸发器上结霜过厚（达10mm）时，会影响制冷剂吸收冷藏室内热量，这时应停机一段时间，使霜自行融化。除霜时切勿用金属刃器刮削，也不能用热水洗刷。

（3）清洗冷冻箱内壳或外壳时，应使用无腐蚀性的中性洗涤剂，不可用有机溶剂。清洗后，用干布擦干净。

(4) 发现冰箱有异常音响或电动机频繁启动，应停机检查故障原因。

(5) 冷冻箱长期停用时，应将内壳清洗、擦净、充分干燥。

二、温（湿）度、酸碱度对仪器设备的影响

（一）温（湿）度对仪器设备的影响

温度过高可影响仪器设备散热，从而影响仪器设备的精确度，同时还会加快橡胶材料老化。潮湿易使仪器设备生锈，也易使导线的绝缘性能降低。

（二）酸碱度对仪器设备的影响

酸碱具有较强的腐蚀性。在酸、碱度较强的环境中，仪器设备易被腐蚀、损坏，缩短了使用寿命。

第五章　临床观察与给药

第一节　动物主要疾病的临床症状

一、动物主要疾病的临床表现

（一）常见猪病的临诊要点

1. 口蹄疫

口蹄疫是由口蹄疫病毒引起的偶蹄动物的急性、热性、高度接触性传染病，临诊特征是在口腔黏膜、蹄部、乳房皮肤发生水疱和溃烂。本病传染性强，传播迅速，易造成大流行，幼畜死亡率较高。最短潜伏期 1～2d，最长 6～7d。口腔和蹄部有水疱和溃烂，流涎，跛行，鼻镜、乳房也可看到水疱。

2. 猪瘟

猪瘟是由猪瘟病毒引起猪的一种急性、热性、高度接触传染的病毒性传染病，特征为高热稽留和细小血管壁变性，全身广泛小点出血，脾梗死。

猪瘟的流行特点是，仅限于猪发病，不同品种、年龄、性别的猪均能感染，发病率和病死率都高，无季节性，一年四季均可发生。近年来猪瘟流行发生了变化，出现非典型猪瘟、温和型猪瘟，呈散发性流行。

（1）最急性型。多见于流行初期，突然高热稽留，皮肤黏膜发绀。浆膜、黏膜、内脏有少数出血点。5d 内死亡。

（2）急性型。体温 40.5℃左右，高热稽留，沉郁嗜睡，好钻草窝，发抖，弓腰，腿软，行动缓慢，易退槽，喜饮污水，间有呕吐。先便秘后腹泻，粪便恶臭，内有纤维素性白色黏液和血丝，眼中有多量黏液脓性分泌物，使眼睑粘连。鼻、唇、耳、下颌、四肢、腹下、外阴等处的皮肤点状出血，指压不褪色。公猪包皮积尿，混浊异臭。1~3 周死亡。

（3）亚急性型。与急性型相似，但病情缓和。病程 3~4 周。

（4）慢性型。多见消瘦贫血，衰弱无力，行动蹒跚，体温时高时低，食欲时好时坏，便秘和腹泻交替。皮肤有紫斑或坏死干痂。病程 1 个月以上。

（5）神经型。多见于幼猪，阵发性神经症状，嗜睡磨牙，全身痉挛，转圈后退，感觉过敏，触动时尖叫。

（6）温和型。病情缓和，稍有轻热，病程较长，成年猪能康复，发病率和病死率较典型猪瘟低。

（7）繁殖障碍型。孕猪感染后可不发病，但可侵袭胎儿，常引起流产、产死胎、木乃伊胎、弱仔或新生仔猪先天性头部和四肢颤抖，或无明显症状，终身带毒。

3. 猪肺疫

猪肺疫是由多杀性巴氏杆菌引起的一种急性、败血性传染病。猪肺疫的特征是急性病例呈败血症，组织器官发生出血性炎症，能造成大批死亡；慢性病例主要表现为慢性纤维素性胸膜肺炎和慢性胃肠炎。

本病呈散发或地方流行性。本病的发生与机体抵抗力降低的诱因有关，尤其是在气候骤变时易发生。

急性型主要症状为体温升高至 41~42℃，颈下咽喉部发热、红肿、坚硬，严重者上延至耳根，向后可达胸前。呼吸困难，张口呼吸，呈犬坐姿势，黏膜发绀，心脏衰弱。

4. 猪链球菌病

猪链球菌病是由不同血清群链球菌感染引起猪的不同临床症状类型疾病的总称。链球菌主要有 C、D、E、L 群。

猪急性败血型链球菌病的特征为高热，出血性败血症，脑膜脑炎，跛行和急性死亡；慢性型链球菌病的特征为关节炎、心内膜炎和化脓性淋巴结炎。各种年龄的猪都易感，但新生仔猪和哺乳仔猪的发病率、病死率最高，其次是架子猪和怀孕母猪。本病一年四季均可发生，以 5—11 月发生较多。

（1）急性败血型链球菌病。呈地方流行性，可于短期内波及同群，并急性死亡。慢性型多呈散发。少数猪呈最急性型，不见症状突然死亡。多数猪呈急性败血型，突然高热稽留，食欲减退或废绝，结膜潮红、出血，流泪，流鼻液，呼吸急迫，间有咳嗽。颈部皮肤最先发红，然后由前向后发展，最后于腹下、四肢下端和耳的皮肤变成紫红色并有出血点，跛行。个别病例出现血尿、便秘或腹泻，粪带血，多在 3~5d 内死亡。

（2）急性脑膜炎型。主要表现为脑膜炎症状，尖叫抽搐，共济失调，盲目行走，转圈运动，运步高踏，口吐白沫，昏迷不醒，最后衰竭麻痹，常在 2d 内死亡。个别的还有头、颈、背水肿，或胸膜肺炎症状。

（3）亚急性型。与急性型相似，但病情缓和，病程稍长。

（4）慢性型。主要表现为关节炎、心内膜炎、化脓性淋巴结炎、子宫炎、乳腺炎、咽喉炎、皮炎等。

（5）关节炎及心内膜炎。病猪体温时高时低，精神、食欲时好时坏，一肢或多肢关节肿大，跛行或不能站立，消瘦、衰弱或突然恶化而死亡。

（6）化脓性淋巴结炎。以颌下淋巴结化脓性炎症最为常见，咽、耳下、颈部等淋巴结有时也受侵害。受害的淋巴结发炎肿胀、硬固、热痛，由于局部的压迫和疼痛，可影响采食、咀嚼、吞咽甚至使呼吸产生障碍。当化脓成熟、破溃时，全身症状也显著好转，长出肉芽组织结疤愈合。病程 3~5 周，一般不引起死亡。

5. 猪丹毒

猪丹毒是由猪丹毒杆菌引起的一种急性、热性传染病。病程多为急性败血型或亚急性疹块型，也有表现为慢性、多发生关节炎或心内膜炎。

主要发生于猪，尤其是架子猪最易感，随着年龄的增长而易感性降低；其他动物和人感染很少发病。本病一年四季都有发生，有些地方以炎热多雨季流行最盛；另一些地方不但发生于夏季，而且冬春季节也可形成流行高潮。本病常呈散发性或地方流行性，个别情况下也呈暴发性流行。

（1）急性型（败血型）。见个别病猪不显任何症状而突然死亡，其他猪相继发病。多数猪病情稍缓，体温在 42℃以上稽留，虚弱，不愿走动，卧地不食，有时有呕吐。结膜充血。粪便干硬呈栗状，附有黏液，后期出现下痢。皮肤有红斑，指压褪色。病死率高。病程 3~4d。病死率 80%左右，不死者转为疹块型或慢性型。

（2）亚急性型（疹块型）。皮肤表面出现疹块。病初少食，口渴，便秘，有时恶心呕吐，体温升高至 41℃以上。通常于发病后 2~3d 在胸、腹、背、肩、四肢等部位的皮肤发生疹块，呈方形、菱形，偶呈圆形，稍突起于皮肤表面，面积约一至数厘米，数量从几个到几十个不等。初期疹块充血，指压褪色；后期瘀血，呈紫蓝色，指压不褪色。疹块发生后，体温开始下降，病势减轻，经数日以至旬余，病猪可能康复。如果病势较重或长期不愈，则有部分或大部分皮肤坏死，久而变成革样痂皮。也有不少病猪在发病过程中，症状恶化而转变为败血症而死。病程约为 1~2 周。

（3）慢性型。常见有多发性关节炎和慢性心内膜炎，也可见慢性坏死性皮炎。关节炎主要表现为四肢关节的炎性肿胀，病腿僵硬、疼痛。以后急性症状消失，而以关节变形为主，呈现一肢或两肢的跛行或卧地不起。病猪食欲如常，但生长缓慢，体质虚弱，消瘦。病程数周至数月。

（4）心内膜炎。主要表现为消瘦，贫血，全身衰弱，喜卧伏，厌走动，强使行走则举步缓慢、全身摇晃。听诊心脏有杂音，心跳加速、亢进，心律不齐。呼吸急促。通常由于心脏停搏而突然倒地死亡。

6. 猪痢疾

猪痢疾是由致病性猪痢疾蛇形螺旋体引起的猪的一种肠道传染病，特征为大肠黏膜发生卡他性出血性炎症，有的发展为纤维素坏死性炎症，临诊表现为黏液性或黏液出血性下痢。

仅猪发病，各种品种、年龄、性别猪均易感，但以幼猪（7~12 周龄）发病率高。经消化道感染，本病流行无季节性。多散发，流行过程缓慢，持续时间较长，且可反复发病。多种应激因素可促进本病发生。

（1）最急性型。往往突然死亡。

（2）急性型。病初精神稍差，食欲减少，粪便变软，表面附有条状黏液。以后迅速下痢，粪便黄色柔软或水样。重病例在 1~2d 间粪便充满血液和黏液。在出现下痢的同时，腹痛，体温稍高，维持数天，以后下降至常温，死前体温降至常温以下。随着病程的发展，病猪精神沉郁，体重减轻，渴欲增加，粪便恶臭带有血液、黏液和坏死上皮组织碎片。病猪迅速消瘦，弓腰缩腹，起立无力，极度衰弱，最后死亡。病程约 1 周。

（3）亚急性和慢性型。病情较轻，下痢，粪便中黏液和坏死组织碎片较多，血液较少，病期较长。进行性消瘦，生长迟滞。不少病例能自然康复，但在一定的间隔时间内，部分病例可能复发甚至死亡。病程为 1 月以上。

7. 猪气喘病

猪气喘病是由猪肺炎支原体引起猪的一种慢性呼吸道传染

病，主要症状为咳嗽，气喘。仅见于猪，不同年龄、性别和品种的猪均能感染，但乳猪和断奶仔猪易感性高，发病率和病死率较高，其次是怀孕后期和哺乳期的母猪，育肥猪发病较少，病情也轻。母猪和成年猪多呈慢性和隐性。本病经呼吸道感染，一年四季都可发生，但气候骤变，阴、湿寒冷时发病多。饲养管理和卫生条件是影响本病发生和流行的重要因素，尤以饲料的质量差，猪舍潮湿和拥挤、通风不良等影响较大。本病一旦传入，如不采取严密措施，很难彻底扑灭。

（1）急性型。病初精神不振，头下垂，站立一隅或趴伏在地，呼吸次数剧增，达 60~120 次/min。呼吸困难，严重者张口喘气，喘鸣似拉风箱，有明显腹式呼吸。咳嗽次数少而低沉，体温一般正常。病程一般为 1~2 周，病死率也较高。

（2）慢性型。常见于老疫区的架子猪、育肥猪和后备母猪。主要症状为咳嗽，病初长期单咳，清晨赶猪喂食和剧烈运动时，咳嗽最明显。以后严重呈连续性或痉挛性咳嗽，咳嗽时站立不动、垂头、弓背、伸颈，用力咳嗽多次，直至呼吸道分泌物咳出咽下为止。随后呼吸困难，次数增加，腹式呼吸，夜发鼾声。这些病状时急时缓。病程长，可拖延 2~3 月，甚至长达半年以上。

（3）隐性型。仅个别病例偶尔咳喘。

8. 弓形虫病

弓形虫病是由弓形虫科弓形虫属的粪地弓形虫引起的人、畜和野生动物共患的寄生虫病。多呈亚临诊型、隐性型或带虫者，显性感染者症状复杂。主要特征是高热稽留，呼吸困难，咳嗽，气喘，体表淋巴结肿大及出现神经症状，妊娠动物常引起流产、死胎，胎儿畸形等。

弓形虫的中间宿主广泛，包括人、畜、禽、野生动物等，但主要是猫、绵羊、猪、犬。终末宿主是猫。一般多呈隐性感染，幼龄动物、胎儿多呈显性感染且症状重，病死率高。呈地方流行性或散发性。无明显季节性，多发生于秋冬季节。寒冷、运输、环境突变、妊娠均为发病诱因。

猪感染后可呈隐性感染，也可呈散发或暴发性的急性感染，急性病例为高热稽留 7～10d，精神沉郁，食欲减退或废绝，但常饮水。体表淋巴结肿大，下腹部皮肤出现紫红斑，呼吸困难，后躯麻痹。部分病猪可有癫痫样痉挛等神经症状。牛、羊等感染后不出现症状，少数羊有中枢神经和呼吸系统症状。极少数牛高度兴奋或沉郁，发热，咳嗽，呼吸困难，头震颤。孕畜流产，死胎，胎儿畸形。

9. 猪传染性萎缩性鼻炎

猪传染性萎缩性鼻炎是由支气管败血波氏杆菌引起的猪的一种慢性呼吸道传染病，特征为鼻甲骨萎缩、喷嚏、鼻塞、颜面变形。

各种年龄的猪都易感，但以仔猪的易感性最强。发病率一般随年龄的增长而下降。多为散发性，猪群中传播缓慢。饲养管理好坏直接影响本病的发生和流行。

本病早期症状多见于6～8周龄的仔猪，表现为鼻炎、喷嚏、鼻塞、流涕、呼吸困难。个别猪因强烈喷嚏而发生鼻出血。病猪常因鼻炎刺激而表现不安，如摇头、拱地、搔抓或摩擦鼻部等。由于鼻泪管阻塞，泪液流出眼外，在眼内眦下的皮肤上形成弯月形湿润区，被尘土沾污后黏结成黑色痕迹。继而出现鼻甲骨萎缩，致使鼻和面部变形，鼻腔小，鼻短缩，鼻后皮肤出现皱褶，鼻歪向一侧，两眼间距离缩小。体温一般正常，病猪生长停滞。

（二）常见牛羊疫病的临诊要点

1. 牛梨形虫病

牛梨形虫病旧称牛焦虫病，是由巴贝斯科和泰勒科原虫寄生于牛的血液所引起的牛血液原虫病。病原主要是双芽巴贝斯虫、牛巴贝斯虫、环形泰勒虫和瑟氏泰勒虫4种。我国南方各地以双芽巴贝斯虫病、巴贝斯虫病多发，华北、西北、东北各地以泰勒虫病多见。病的特征均为高热、贫血、黄疸、血红蛋白尿或出血。

各种牛都易感，经蜱发育后传播。在我国主要经微小牛蜱或残缘璃眼蜱传播。在春、夏、秋季多发，呈散发性或地方流行性。

巴贝斯虫感染引起高热稽留，迅速消瘦，贫血，黏膜苍白和黄染，血红蛋白尿。泰勒虫感染则表现高热稽留，可视黏膜出现溢血斑点和黄染，贫血，眼睑和四肢、胸腹下水肿，体表淋巴结肿大，消瘦衰弱。

2. 牛流行热

牛流行热又称暂时热、三日热，是由牛流行热病毒引起牛的一种急性、热性传染病。其特征为突然发热，流泪、流鼻涕、流涎，呼吸困难，运动障碍。传染快，病程短，多呈良性转归。

牛流行热主要侵害黄牛、奶牛和水牛，牦牛较少发生。本病传播迅速，感染率、发病率高，易呈流行性。常发生于多雨、炎热、吸血昆虫（蚊、蜱）活跃的6~10月。周期性明显，3~5年流行一次。

主要表现发病突然、高热稽留2~3d，此期间结膜潮红，畏光流泪，眼睑水肿。鼻镜干燥，食欲废绝，反刍停止。流浆性鼻液，大量流涎，呼吸困难。阵发性肌肉震颤，四肢疼痛，行走困难，站立不动并出现跛行，严重的卧地不起。有的便秘或腹泻。发病率高，病死率很低，病程短，多呈良性转归。

3. 绵羊疥癣虫病

绵羊疥癣虫病是由疥蛾和痒螨寄生于绵羊皮内和体表引起的绵羊的一种慢性寄生虫病。其特征为皮肤剧痒、皮炎、脱毛、病变部位不断向周围扩散、全身衰竭和高度接触性传播。

多种动物都易感，绵羊、牛等受害最严重。炎热季节发病少，病情轻；寒冷季节发病多，病情重。呈散发或地方流行性。羊疥螨多集中于头部，痒螨多发生于毛厚部位，先发生于背、臀部，以后蔓延体侧至全身。

本病潜伏期 2~4 周。病羊因患部皮肤剧痒而频频摩擦，皮肤发炎、流出渗出液和脓汁、形成淡黄色痂皮，患部脱毛，皮肤粗糙肥厚，病变部位不断向周围扩散。冬季发生脱毛，皮肤裸露，体温放散，使脂肪大量消耗，逐渐消瘦，甚至衰竭死亡。病程可持续 2~4 月。

（三）常见禽疫病的临诊要点

1. 鸡马立克氏病

鸡马立克氏病是由鸡马立克氏病病毒引起的鸡的一种淋巴组织增生性传染病，特征为外周神经、虹膜、性腺、各种脏器、肌肉和皮肤等发生淋巴细胞浸润、增生和各内脏器官、皮肤形成肿瘤结节。

主要侵害鸡，其他禽类较少感染。通过直接或间接接触经气源传播。

发病后表现多型性。神经型的以运动失调、肢体麻痹所致的“劈叉”姿势为多见。眼型的以虹膜褪色、单侧或双眼灰白色混浊所致的“白眼病”或瞎眼为多见。皮肤型的以颈、背、翅、腿和尾部形成大小不等的结节及瘤状物为多见。也有少数病例为混合型。

2. 鸡新城疫

鸡新城疫是由鸡新城疫病毒引起的鸡的一种急性、热性、败血性、高度接触性传染病，特征为呼吸困难、下痢、神经功能紊乱、黏膜和浆膜出血。

主要侵害鸡、火鸡、珠鸡、野鸡。不同品种、年龄、性别的鸡都易感，但幼雏和中雏易感性最高。主要经呼吸道和消化道感染。一年四季均可发生，但春、秋季多发。感染率、发病率、病死率都很高。近年来常发生非典型新城疫，其发病率和病死率略低。

最急性型，突然发病，无任何症状而死亡。急性型，病初体温升高至43~44℃、食欲减退或废绝、精神沉郁、缩颈闭眼、状似昏睡、冠和肉髯边缘因瘀血呈暗紫、产蛋减少或停止。随着病程的发展，出现比较典型的症状：口腔和鼻腔分泌物增多，嗉囊肿满；呼吸困难、张口呼吸并发出“咯咯”声；下痢，粪便呈绿色，有时混有血丝。有的出现神经症状，如偏头转颈，做圆圈运动或共济失调，肢、腿麻痹。最后体温下降，昏迷死亡。病程2~5d。5d以上不死的，神经症状明显，头颈向后或向一侧扭转，常伏地旋转，反复发作，瘫痪或半瘫痪，10~20d死亡。温和型成鸡产蛋急剧下降，间有下痢，病程较长。

3. 禽霍乱

禽霍乱是由多杀性巴氏杆菌引起禽类共患的一种急性、热性、败血性传染病，特征为广泛出血性炎症、呼吸困难、腹泻。

多种禽均易感，尤其鸡、鸭、鸽最易感。本病发生无明显季节性，在冷热交替、气候剧变、闷热、潮湿、多雨的时期发病较多。多呈散发性或地方流行性，偶有暴发性。

（1）鸡霍乱。最急性的见于流行初期，以高产蛋鸡为多见，常表现为突然发病，迅速死亡，病程短则几分钟，长则数小时。急性的最为常见，病鸡主要表现体温升高至43~44℃，精神沉郁，食欲减退或废绝，羽毛蓬松，翅下垂，昏睡，口渴增加；呼吸困难，口鼻分泌物增多，冠髯青紫；常有剧烈腹泻，排黄绿色稀粪；病程1~3d，死亡率高。慢性的见于流行后期，病鸡消瘦，腹泻，羽毛粗乱无光，有的口、鼻、眼流浆性分泌物，单侧或双眼肿胀；有的关节肿大，跛行；病程长达2周以上，衰竭死亡。

（2）鸭霍乱。以急性为主，与病鸡症状相似，但常摇头，多发性关节炎明显，跗、腕及肩关节肿胀，起立、行走困难。不愿下水。病程1~3d。

(3) 鹅霍乱。与鸭相似。仔鹅发病和死亡较成年鹅为重，常以急性为主，精神委顿，食欲废绝，下痢，喉头分泌物多，眼结膜有出血点。病程1~2d。

(4) 鸽霍乱。来势猛，病情重，死亡快。病鸽不食，精神沉郁，闭目缩颈，羽毛松乱，伏卧一角。饮欲增加，嗉囊充满黏液，下痢，排绿色稀便。病程1~2d。

4. 鸡传染性法氏囊病

鸡传染性法氏囊病是由传染性法氏囊病病毒引起的鸡的一种急性、高度致死性传染病，特征为发病率高、病程短，主要症状为腹泻、颤抖、极度虚脱。

主要侵害鸡，其他禽易感性低。以2~15周龄鸡易感，尤其3~6周龄小鸡最易感。在育雏季节常见本病发生和流行。

鸡突然发病，高热，废食，沉郁。伏卧于地，排黄白色米汤样稀粪。迅速脱水，极度虚弱，衰竭而死。病程5~7d，病死率高。

5. 鸡球虫病

鸡球虫病是由艾美耳属的多种球虫寄生在鸡小肠前部上皮细胞内引起的一种寄生虫病，特征为肠炎、消瘦、贫血、腹泻、粪便中混有血液。

鸡球虫病多见于15~50d的雏鸡以及2~3月龄的青年鸡。尤其在卫生不良、拥挤、环境潮湿、平养条件下最易发病流行。

急性型，多见于50d以内的雏鸡。病初精神委顿，羽毛蓬乱，缩头闭眼，离群独立；食欲减退、渴欲增加，嗉囊积液；粪便稀软带血，后为血便，肛门周围有污秽不洁的粪便；迅速消瘦、贫血、鸡冠苍白、运动失调、翅膀轻瘫、喜卧。末期昏迷或强直痉挛，多数鸡在发病6~10d内死亡，死前体温下降，死亡率极高。耐过鸡发育受阻。慢性型，多见于 2 月龄以上的幼鸡，病状较轻，病程可达数周至数月，表现食欲长期不振，间歇性下痢，有时混有血液，逐渐消瘦、贫血，发育迟缓。成鸡症状不甚明显，产蛋下降；肉鸡生长缓慢，死亡率低。

6. 小鹅瘟

小鹅瘟是由小鹅瘟病毒引起雏鹅的一种急性、败血性传染病，特征为精神沉郁、食欲废绝和严重下痢。

本病主要侵害 4～20d 雏鹅，传染快，病死率高。1 周龄以内的雏鹅死亡率可达 100%，10d 以上的死亡率一般不超过 60%，20d 以上的发病率低，1 月龄以上的鹅极少发病。

最急性的常见于 1 周龄内的雏鹅，无前驱症状突然死亡，稍缓和的精神萎靡不振，衰弱，倒地两脚划动，不久即死亡。急性的常见 15d 内雏鹅，厌食，嗉囊松软，内有大量液体和气体。排灰白或淡黄绿色混有气泡的稀粪。呼吸用力，端鼻流出浆性分泌物，喙端色泽变暗；临死前出现两腿麻痹或抽搐，衰竭死亡，病程 1～2d。亚急性的多见于 15d 以上雏鹅，以委顿、消瘦和拉稀为主要症状，病程 3～5d 或更长。

7. 鸡白痢

鸡白痢是由鸡白痢沙门氏杆菌引起鸡的一种消化道传染病，特征为排白色稀薄粪便。

各品种的鸡对本病均有易感性，以 2～3 周龄以内雏鸡的发病率与病死率最高。本病除垂直传染外，也可水平传染。育雏期的温度过低、卫生不良、饥饱不均是诱发本病的主要因素。出壳后感染的雏鸡多于出壳后 4～5d 开始发病，7～10d 后雏鸡群内病雏逐渐增多，在第 2～3 周达到高峰。病雏主要表现怕冷，尖叫，减食或废食。排乳白色稀薄黏稠粪便，肛门周围污秽，闭眼呆立，呼吸困难。有的表现共济失调，运动失衡，肢体麻痹等神经症状。病程一般 4～7d，3 周龄以上的雏鸡病程较长，且极少死亡。成鸡感染常无临诊症状。极少数病鸡腹泻，产蛋减少或停止。有的因卵黄囊炎引起腹膜炎，腹膜增生而呈“垂腹”现象。常有零星死亡的弱鸡。

8. 鸭病毒性肝炎

鸭病毒性肝炎是由鸭肝炎病毒引起鸭的一种急性、高度致死性传染病，特征为发病急，传播迅速，致死率高，临床表现为角弓反张，病理变化为肝炎和出血。

本病仅雏鸭易感，日龄越小易感性越高，成鸭感染后多不发病。经接触感染，也可经呼吸道感染。1 周龄内的雏鸭病死率可达 95%，1~3 周龄的雏鸭病死率为 50%或更低，4~5 周龄的小鸭发病率与病死率较低。本病一年四季均可发生，但主要在孵化季节，南方多在 2~5 月和 9~10 月间，北方多在 4~8 月间。

雏鸭突然发病，精神萎靡，缩颈，翅下垂，不爱活动，行动呆滞或跟不上群，常蹲下眼半闭、厌食，有的出现腹泻，粪便稀薄带绿色。发病半日到 1 日即发生全身性抽搐，病鸭多侧卧，头向后背，故称背脖病，两脚痉挛性地反复踢蹬，有时在地上旋转。出现抽搐后，约十几分钟即死亡。喙端和爪尖淤血呈暗紫色。1 周龄内雏鸭死亡，速度之快是惊人的。

9. 鸭瘟

鸭瘟是由鸭瘟病毒引起鸭的一种急性、接触性、败血性传染病，特征为体温升高、两腿麻痹、下痢、流泪和部分病鸭头颈肿大。

成年鸭和产蛋母鸭发病和死亡较为严重，1 月龄以下雏鸭较少发病。一年四季都可发生，以春夏和秋冬之交为多见。呈地方流行性。

病鸭主要表现体温升高，食欲减退或废绝，翅下垂，两脚麻痹无力，行动困难，共济失调，不能站立。眼流浆性、脓性分泌物，眼睑肿胀或头颈浮肿。下痢，排出绿色或灰白色稀粪。

病程 2~5d，死亡率高。

二、血、粪、尿常规检验的基本原理

血液常规检验项目有红细胞沉降速率（血沉）、血红蛋白含量及红细胞压积的测定，红细胞计数、白细胞计数及其分类计数等。

尿常规检验项目包括用物理检验（尿色、透明度、气味、相对密度等）、化学检验（酸碱度、尿蛋白、尿潜血）以及用显微镜检查尿沉渣。

粪便的常规检验包括物理检验、化学检验和显微镜检验 3 项内容。

（一）血红蛋白含量测定的基本原理

红细胞遇酸溶解后，释放出血红蛋白，血红蛋白被酸化后可形成褐色的酸性血红素，其褐色的深浅与血红蛋白含量成正比；稀释后与标准色柱比色，在测定管即可读出血红蛋白的含量（每 100mL 血液中血红蛋白的克数）。

（二）粪、尿中潜血检验（联苯胺法）的基本原理

血红蛋白中的铁，具有过氧化酶的作用，可分解过氧化氢而放出生态氧，使联苯胺氧化呈绿色或蓝色。

（三）尿中酮体检验（郎氏法）的基本原理

丙酮或乙酰乙酸与硝普钠作用后，再与氨液接触可产生紫红色化合物，冰醋酸可抑制肌酐产生类似的反应。

（四）尿中蛋白测定原理（磺柳酸法）

蛋白质与磺基水杨酸根离子结合，生成不溶性的蛋白质盐而析出。健康动物尿中有极少量蛋白质，一般难以检出。如果检出蛋白质，则示为蛋白尿。

三、X 线机的正确使用

（一）使用 X 线机透视检查操作法

1. 透视器材的准备

（1）在机头放射窗外安装好活动光门，并检查光门的开张和闭合能否自如。

（2）安装好透视荧光屏，并轻轻旋转机头，使放射窗的中心垂直对准荧光屏的中心。

（3）单一做透视观察，应在荧光屏上装上活动折叠式暗箱，集体观察时不装暗箱，但需要在透视暗室内进行。

（4）透视者在透视检查前可提前戴红眼镜进行暗适应，调节眼睛适应在黑暗中观察的视力。

2. 机器的调节及透视操作

（1）把透镜摄影交换器旋转对准透视标记处，并把脚踏开关接上操纵台的曝光插座，调节好电源电压。

（2）透视条件用 2. 5～3kV，暂用 60mA（实际上应按投照部位厚度变化而增减）。关闭活动光门，然后踏下脚踏开关，观察毫安表读数，调节至 2. 5mA 或 3mA 即可。

（3）稍打开活动光门，露出一方形小孔，闭之除去红眼镜，即把眼睛套在荧光屏的活动暗箱口处，踏上脚踏曝光，观看方形的淡绿色荧光照射是否位于荧屏中央，否则调整机头至对准为止，然后检查在曝光之下荧光屏的面积，即可正常地进行检查。透视小的部位时，照射视野要相应缩小。

留意观察体会荧光的亮度，然后曝光数秒间歇数秒进行小动物（或人体）四肢较薄部位的观察，注意认识软组织、骨骼、关节间隙的阴影与亮度，体会 X 线的穿透作用、荧光作用与影响 X 线穿透力与荧光亮度的因素，理解透视检查在疾病诊断上的意义。

（二）使用 X 线机透视摄影的操作方法

在使用操作前，应先阅读说明书，清楚了解其性能及其使用方法，并应充分熟悉机器的最高使用限度及其使用规格表（包括最高千伏、毫安和最长时间三者间的相互关系），以免超过机器的最高使用量而损坏机器，并严格遵守操作规程。X 线机的操作步骤如下。

（1）闭合外接电源开关。电源指示灯亮，电源电压表有读数。

（2）调节电源开关。旋转电源电压调节器，使电压表指针指到 220V 处。

（3）拨好透视摄影交换器。透视或摄影时拨向标示处。

（4）小型 X 线机没有毫安值调节刻度，要以曝光时观察毫安表读数为准，如在标准电压下调至 3mA。10mA（或 30mA）时调节器指示的位置，应做上符号，供以后选择毫安时参考，以减少无用的负荷试验。30mA 或 50mA X 线机，毫安表有两行读数，上行读数大者为摄影毫安，下行读数小者（0~5）为透视毫安。

（5）调节千伏。根据需要调节千伏，按调节器的千伏数刻度选择即可。

（6）调节曝光时间。摄影检查需要调节曝光时间，曝光计时器的刻度以秒为准，由 0~8s 或 0~10s，最短时间能控制到 0.2s 以上。透视曝光由脚踏开关控制。

（7）曝光摄影。按下计时器手闸按钮，即开始曝光，一达到预定的时间，自动跳闸，切断高压，曝光随即终止。透视曝光时间由脚踏开关随意控制，离开脚踏，曝光停止。

（8）关闭机器。用毕，切断电源开关，拉开墙闸，各调节器或开关返回零位。

（9）注意事项。X 线机平日要注意防震防潮，保持清洁干燥，定时检查接地线是否确实，严格按照操作规程操作使用。

(三) 注意事项

(1) 闭合电源开关后不要立即曝光，应稍待片刻，使灯丝预热产生足够电子。但使用完毕后应立即切断电源，以免使灯丝不必要点燃而增加蒸发，使之缩短寿命。

(2) 必须在额定性能内使用，切勿超过负荷。10mA 的 X 线机，最大摄影性能为 10mA、75kV、8s。30mA 的 X 线机最大摄影性能为 30mA、85kV、10s。低于额定性能使用，可以延长 X 线管寿命。同时每次摄影曝光之后，应有数分钟间歇，以待阳极靶面散热。连续透视，如机头超过额定温度，应停机冷却，或加风扇散热，以免致超过规定的热容量。

(3) 在曝光过程中，除透视毫安表以外，不可临时调动各调节旋钮，如有需要应在停止曝光后再行调节。

(4) 注意熟悉 X 线机正常使用现象，若发现异常声音、异味、漏油、荧光过亮或过弱，毫安表指针震动或下跌等，应立即停机检查。

第二节　尸体剖检

一、畜禽尸体剖检方法

(一) 尸体剖检的准备

(1) 剖检的时间。尸体剖检除特殊情况下，最好在白天进行，以正确地反映脏器固有的颜色；剖检尸体越早越好。

(2) 剖检场地的选择。剖检场地应坚实、平整、不渗透，便于清洗、消毒，防止病原扩散。最好在有一定设备条件的室内进行剖检。如在野外剖检，要选择比较偏僻的，远离居民点、动物饲养场、水源、畜群、草地、交通要道的干燥地方，挖一个深坑，深度视尸体大小而定，坑边铺上干草或塑料布等垫物，把尸体放在上面剖检。剖检完后，将尸体连同垫物推入坑中掩埋或焚烧。

（3）剖检器械。剥皮刀、解剖刀、外科刀、镊子、斧子、锯子等。

（4）消毒液。0.1%新洁尔灭溶液或3%来苏尔溶液、4%氢氧化钠溶液、5%碘酊、75%酒精等。

（5）尸体的运送。搬运尸体时，应防止其排泄物、分泌物泄漏地面，要用不透水的密闭容器运送。对传染病尸体应用浸有消毒液的棉花或纱布等将尸体天然孔及穿透创进行堵塞或包扎，并用消毒药液喷洒尸体体表。使用后的运送工具要严密消毒或掩埋。

（6）剖检人员的防护准备。应准备好工作服、橡皮手套、胶靴、口罩、护目镜等；在手臂上涂上凡士林油以保护皮肤，防止感染；剖检中如术者手或其他部位不慎被损伤时，应立即消毒或包扎；如有血液或渗出物溅入眼或口内，应用2%硼酸水冲洗。

（二）畜禽尸体剖检术式

首先，进行外部检查，检查和记录尸体来源、病史、症状、治疗经过，检查尸体体表特征，可视黏膜有无出血、充血、淤血、溃疡、外伤等，尸体姿势、卧位、尸冷、尸僵、尸斑、尸腐、腹部有无臌气，天然孔有无异物，分泌物和排泄物的性质等。对怀疑死于炭疽的病尸，禁止解剖。然后进行内部检查，通常包括剥皮、皮下检查、体腔剖开、内脏器官摘出及器官检查四个步骤。

1. 猪的剖检术式

猪的剖检一般不剥皮，通常采取背卧（仰卧）式。

（1）打开腹腔。①第一刀自剑状软骨后方沿腹壁正中线向后直切至耻骨联合的前缘。②第二、三刀分别从剑状软骨沿左右肋软骨弓后缘至腰椎横突，作弧形切线，两线均切透，至此，腹腔即打开。

（2）摘出脏器。①首先检查腹腔脏器位置，腹水量、颜色等。②接着在横膈膜处双重结扎并切断食管、血管。③在骨盆腔处双重结扎并切断直肠。④将整个腹腔脏器一并取出，边取边切断脊椎下的肠系膜韧带。⑤分离并作双重结扎，分别取下胃、十二指肠、回肠、空肠、盲肠和结肠、肝脏等。⑥再于腰部脊柱下取出肾脏。⑦观察骨盆腔脏器的位置及有无异常变化。⑧锯开耻骨和坐骨，一并取出骨盆腔脏器、肛门和公畜阴茎。

（3）打开胸腔及摘出胸腔脏器。①先切除胸廓两侧的肌肉，用刀或剪沿左右两侧肋软骨和肋骨结合处切断或剪断，切断胸肌和胸膜。②切断肋骨与胸椎的连接，打开胸腔。③切开下颌皮肤和皮下脂肪，向后剥离颌下及颈下部肌肉组织，暴露出支气管、食管。④切断胸腔内的韧带，并切断舌骨，将舌、咽、喉、气管等连同心、肺一起取出。

（4）内脏器官的检查。①由表及里用眼观、手触及刀子切割等方法，有系统地、重点进行检查。②观察各脏器及附近的淋巴结的大小、形状、色泽、硬度。③分段全面观察胃、肠、膀胱有无病理变化。④寄生虫检查材料应在检查脏器时收集。

2. 鸡的尸体剖检术式

一般登记和体表检查与猪基本相同。

（1）先将羽毛用水或消毒水浸湿，以免绒毛及尘土扬起。

（2）尸体取背卧位，将两侧大腿与腹壁相连处的皮肤与疏松结缔组织切开，用力按压两大腿，使之脱臼，使背卧位更平稳，或用钉固定于木板上（两腿及头部），便于操作。

（3）打开胸、腹腔。于胸骨末端的后腹部作一横切至两侧腰部，再作一直切口至肛门，并分离肛门与周围的连接；用骨剪剪断胸骨与肋骨的连接部，打开胸、腹腔。

（4）观察脏器位置、胸水和腹水的状况等。

(5) 切断食管，将腺胃、肌胃、肝、脾、肠管及肛门一同取出。

(6) 再用剪刀剪开喙角，打开口腔，切断舌骨，将舌、喉、食管、嗉囊、气管等从颈部剥离下来。

(7) 用刀柄进行钝性分离，把肾、肺、心脏取出，将卵巢和输卵管或睾丸一起取出。

(8) 用骨剪剪开鼻腔，检查鼻腔及其内容物。

(9) 脏器检查的一般方法与其他动物脏器的检查基本相同。

3. 牛的尸体剖检术式

牛的躯体重而大，有大容量的胃，故剖检牛尸体时，应取左侧卧位。

(1) 剥皮。由下颌角开始沿腹正中线纵切切开皮肤，直至脐部，分成两切线绕开生殖器或乳房，再吻合于尾根下。沿四肢内侧中线切开四肢皮肤，至系（跗）关节下作环形切线，沿上述各线剥下全身皮肤，边剥边观察皮下组织的变化。

(2) 截肢。沿肩胛骨环形切线，切断所有的肌肉、血管和神经，最后将前肢向背侧牵引，即可取下前肢。沿股骨大转子环行切割其肌肉和韧带，当大转子周围的肌肉被大部切除后，将后肢向背侧牵引，切脱关节即可取下后肢。

(3) 胸、腹、骨盆腔脏器的摘出。牛胸、腹、骨盆腔打开的切线、脏器摘出和观察与猪的基本相同，在脏器摘出时，先由胃开始，找到十二指肠进行双重结扎，在其中间切断，将整个胃取出。然后再以双重结扎，分离取出全部肠管及其他脏器。

(三) 尸体处理

尸体的处理必须在动物防疫监督人员监督下进行。应按《中华人民共和国动物防疫法》及有关规定处理。

二、畜禽脏器的常见病理变化

（一）出血的病理变化

破裂性出血时，如流出的血液蓄积组织间隙或器官的被膜下，形成肿块并压挤周围组织，称为血肿；如血液流入体腔，则称为腔出血或腔积血（如胸腔积血、心包积血等）。渗出性出血时，常因发生的原因和部位不同而有所差异。常见有以下几种形态。

（1）点状出血。多呈粟粒大至高粱米大，弥漫性散布，见于浆膜、黏膜及肝、肾等器官的表面。如马传贫病马舌下点状出血、鸡新城疫病鸡腺胃出血等。

（2）斑状出血。形成绿豆大、黄豆大或更大的密集血斑。如鸭病毒性肝炎肝脏出血。

（3）出血性浸润。血液弥漫浸透于组织间隙，出血局部呈整片暗红色，在肾脏、膀胱发生渗出性出血时，有时见到血尿。当机体有全身性渗出性出血倾向时，称为出血性素质。如最急性型猪肺疫咽喉部出血性浆液性浸润。

（二）梗死的病理变化

（1）贫血性梗死。主要是由于动脉阻塞的结果，常发生于脾、肾、心、脑等处。由于梗死区缺血，加上梗死区的细胞蛋白凝固等，故梗死区呈苍白色。由于肾、脾的血管呈树枝状分布，因而梗死灶位于脏器的边缘时，切面上多呈三角形或楔形，尖端指向被阻塞的血管，梗死灶与周围分界清楚，常有充血、出血带包围。

（2）出血性梗死。常见于脾、肺、肠，梗死灶因有出血而呈暗红色。肠系膜血管有丰富的吻合枝，肺内动脉不仅吻合枝多且有支气管动脉的双重支配，因而个别动脉阻塞并不引起梗死。只有在动脉阻塞的同时，又伴有严重的静脉淤血时，由于局部静脉压升高可阻止动脉吻合枝的血流，并妨碍侧支循环的建立，从而发生梗死，进而淤积在静脉和毛细血管内的血液亦随血液的自溶而泛滥于梗死区内，形成出血性梗死。如猪瘟脾脏的出血性梗死。

(三) 坏死的病理变化

局部组织或细胞的死亡称为坏死，是一种不可恢复的病理过程。如禽霍乱的肝脏灰白色坏死灶，但并不是所有的坏死都是病理现象，有的是生理现象，如表皮的死亡脱落，白细胞的不断破坏等。

(四) 结石

凡在排泄或分泌器官的管腔或囊腔内，有机成分或无机盐类由溶解状态变为固体物质的过程称为结石形成，所形成的固体物称为结石。

结石多见于胃、肠、胰腺排泄管、胆囊、胆管、肾盂、膀胱和尿道中。如鸡传染性法氏囊炎病、鸡肾性支气管炎的肾结石、牛胆结石、马肠结石等。

结石的形状，有球形、方形，也有圆柱形；结石的颜色，有白色、黄色、棕色，也有几种颜色构成各种斑纹；结石的质地，可以是坚硬的，也可以是柔软或疏松的；结石的锯面有的是均质的，有的呈条索状，有的在中心部由各种异物形成核心，外围呈轮层状或放射状排列；结石的大小极不相同，大的直径可达 30cm，而小的却只有细砂粒大，结石的重量可以从 0.01g 到 10kg 多。

(五) 黄疸

由于胆红素形成过多或排泄障碍。大量胆红素蓄积在体内，使皮肤、黏膜、浆膜及实质器官等染成黄色，称为黄疸。如梨形虫病、钩端螺旋体病、马传染性贫血、附红细胞体病、胆道蛔虫等均可引起皮肤、黏膜、浆膜等黄染。

（六）水肿的病理变化

（1）体积增大。水肿器官组织由于组织内滞留多量水肿液，致使体积增大，结构致密的组织体积肿胀多不明显。

（2）紧张度的改变。发生水肿的组织，紧张度增加，弹性减少，因而指压留有压痕，而且压痕消失很慢，这种表现以皮肤浮肿时最为明显。

（3）颜色的改变。发生水肿的组织，由于组织内积聚大量的无色液体，并压迫血管，故组织多贫血而呈苍白色。

（4）切面的改变。切开水肿组织时，切面高度湿润，往往有透明感，有透明无色或淡黄色液体自切口流出，用手挤压流出的液体增多，组织疏松，间质增宽。

第三节　驱　虫

一、皮屑溶解法检查螨虫

（一）病料的采取

螨类主要寄生于家畜的体表或表皮内，因此在诊断螨病时，必须刮取患部的皮屑，经处理后在显微镜下检查有无虫体和虫卵，这样才能做出准确的诊断。刮取皮屑，应在患病皮肤与健康皮肤的交界处进行刮取，因为这里螨虫最多。刮取时先将患部剪毛，用碘伏消毒，将凸刃外科刀在酒精灯上消毒，然后在刀刃上蘸一些水、煤油、5%氢氧化钠溶液、50%甘油生理盐水等，用手握刀，使刀刃与皮肤表面垂直，尽力刮取皮屑，一直刮到有轻微出血。将刮取物盛于平皿或试管内供镜检。切不可轻轻地刮取一些皮肤污垢供检查，这样往往检不到虫体而造成误诊。

对蠕形螨的病料采取，要用力挤压病变部，挤出病变内的脓液，然后将脓液摊于载玻片上供检查。

（二）皮屑的检查法

为了确诊螨病而检查患部的皮屑刮取物，一般有两种检查法，即死虫检查法和活虫检查法。死虫检查只能找到死的螨类，这在初步确立诊断时有一定的意义；活虫检查可以发现有生活能力的螨类，可以确定诊断和检查用药后的治疗结果。

1. 皮屑内活虫检查法

（1）直接检查法。在刮取皮屑时，刀刃蘸上50%甘油生理盐水溶液或液状石蜡或清水，用力刮取，将粘在刀刃上的带有血液的皮屑物直接涂擦在载玻片上，置显微镜下检查。如果是螨病，可看到有活的螨类虫体在活动。

（2）温水检查法。将患部刮取物浸于40～45℃的温水内，置恒温箱内（40℃）20～30min。然后倒于玻璃表面上，在显微镜下观察。由于温热的作用，虫体即由皮屑的痂皮中爬出来，集合成团并沉于水底，很容易看到大量活动的螨虫。

（3）油镜检查法。本法主要用于螨病治疗后的效果检查，察看用药后虫体是否被杀死。主要是用油镜检查螨内淋巴液有无流动的情况。检查时，将少许新鲜刮取的皮屑置于载玻片中央，滴加1滴或2滴10%～15%的苛性钾（钠）溶液，不加热直接加上盖玻片并轻轻地按压，使检料在盖玻片下均匀地扩散成薄层。用低倍镜检查虫体后，更换油镜检查。如果是活的虫体，能在前肢和后肢系基部以及更远的部位、虫体的边缘明显地看到淋巴包涵体在相互沟通的腔内迅速地移动；如果是死的虫体，这些淋巴则完全不动。

2. 皮屑内死虫检查法

（1）煤油浸泡法。将少许刮取的皮屑物放在载玻片上，滴加几滴煤油（煤油有使皮屑迅速透明的作用），用另一片载玻片盖上，并捻压搓动两片载玻片，使病料散开、粉碎，然后用实体镜（或扩大镜）和显微镜低倍检查。

（2）沉淀检查法。将由病变部位刮下的皮屑物放在试管内，加10%的苛性钠（钾）溶液在酒精灯上加热煮沸数分钟或不煮沸而静置2h（或离心沉淀5min），经沉淀后，吸取沉渣，镜检。在沉淀物中往往可以找到成虫、若虫、幼虫或虫卵。

二、血液涂片法检查原虫

血液内的寄生性原虫主要有伊氏锥虫、梨形虫（焦虫）和住白细胞虫。检查血液内的原虫多在耳静脉或颈静脉采取血液，制作血液涂片标本，经染色，用显微镜检查血浆或细胞内有无虫体。同时，为了观察活虫也可用压滴标本检查法。

（一）鲜血压滴标本检查法

本法主要用于对伊氏锥虫活虫的检查，在压滴的标本内，可以很容易观察到虫体的活动。将采出的血液滴在洁净的载玻片上少许，加上等量的生理盐水与血液混合，加上盖玻片，置于显微镜下低倍检查，发现有活动的虫体时，再换高倍镜检查。在气温低的情况下检查时，可在酒精灯上稍微加温或将载玻片放在手背上，经体温加温后可以保持虫体的活力。由于虫体未经染色，检查时如果使视野的光线成为弱光，则易于观察虫体。

（二）涂片染色标本检查法

本法是临床上最常用的血液原虫的病原检查法。采血多在耳尖，有时也可在颈静脉。将新鲜血滴少许于载玻片一端，以常规方法推成血片，干燥后，滴甲醇2滴或3滴于血膜上，待甲醇自然干燥固定后用姬姆萨氏或瑞氏液染色，用油镜检查。涂片染色法适用于对各种血液原虫的检查。

（三）集虫检查法

当家畜血液内虫体较少时，用上述方法检查病原比较困难，甚至有时常能得出阴性结果，出现误诊。为此，临床上常用集虫法，将虫体浓集后再做相应的检查，以提高诊断的准确性。其方法是：在离心管内先加2%枸橼酸钠生理盐水3~4mL，再采取被检动物血液6~7mL，充分混合后，以500r/min离心5min，使其中大部分红细胞沉降；而后将红细胞上面的液体用吸管吸至另一离心管内，并在其中补加一些生理盐水，再以2 500r/min全离心10min，即可得到沉淀物。用此沉淀物做涂片、染色、镜检，可以比较容易地找到虫体。

本法适用于对伊氏锥虫和梨形虫病的检查，其原理是：由于锥虫及感染有虫体的红细胞比正常红细胞的密度小，当第一次离心时，正常红细胞下降，而锥虫或感染有虫体的红细胞尚悬浮在血浆中；第二次较高速的离心则浓集于管底。

三、粪便涂片法检查球虫

这种方法用以检查蠕虫卵、原虫的包囊和滋养体。方法简便，连续做3次涂片，可提高检出率。

（一）球虫检查

（1）活滋养体检查。涂片应较薄，方法同粪便涂片方法。气温越接近体温，滋养体的活动越明显。必要时可用保温台保持温度。

（2）包囊的碘液染色检查。直接涂片，方法同粪便涂片方法，以1滴碘液代替生理盐水。如果碘液过多，可用吸水纸从盖片边缘吸去过多的液体。如果同时需要检查活滋养体，可用生理盐水涂匀地在粪便附近滴1滴碘液，取少许粪便在碘液中涂匀，再盖上盖片。涂片染色的一半查包囊，未染色的一半查活滋养体。

（3）碘液配方。碘化钾4g，碘2g，蒸馏水100mL。

（二）粪便涂片方法

滴1滴生理盐水于洁净的载玻片，用棉签棍或牙签挑取绿豆大小的粪便块，在生理盐水中涂抹均匀。涂片的厚度以透过涂片约可辨认书上的字迹为宜。一般在低倍镜下检查，如用高倍镜观察，则需要加盖片。

四、驱虫药物的选择

好的驱虫药应该具有如下特点。

1. 广谱

能驱杀各类寄生虫和对寄生虫的不同生长阶段都敏感。

2. 低毒

对宿主无毒副作用或毒副作用极低。

3. 高效

临床上使用少量的药物就有很好的驱杀效果。

4. 价廉驱虫成本低

5. 无“三致”作用

不产生致癌、致畸、致突变作用。

6. 使用方便

最好通过混饲给药，并能在生产的任何阶段使用。

7. 适口性好

通过拌料方式给药不影响动物的适口性和采食量。

第四节　给　药

一、静脉注射给药

静脉输液法是将药液直接注入动物静脉内，随着血液很快分布到全身，所以其药效迅速，同时其排泄也快。它适用于大量的补液、输血、局部刺激性大的注射剂的给药（如水合氯醛、氯化钙)，急救危重病时给药，如静注强心剂等。

(一) 给猪静脉注射给药

常采用耳静脉或前腔静脉进行注射。

1. 耳静脉注射

(1) 将猪站立或侧卧保定，耳静脉局部消毒。

(2) 助手用手指按压耳根部静脉管处或用胶带在耳根部扎紧，使静脉血回流受阻，静脉管充盈、怒张。

(3) 术者用左手把持猪耳，将其托平并使注射部位稍有隆起，右手持连接针头的注射器，沿静脉管方向使针头与皮肤呈30°~45°角，刺入皮肤和血管内，轻轻回抽注射器活塞，如见回血即为已刺入血管，然后将针管放平并沿血管稍向前送入。

(4) 撤去压迫脉管的手指或解除结扎的胶带。

(5) 术者用左手拇指压住注射针头，右手徐徐推进药液，直至药液注完。如果大量输液时，可用输液器、输液瓶代替注射器。操作方法相同。

(6) 注药完毕，左手拿酒精棉球紧压针孔，迅速拔出针头。为了防止血肿，继续紧压局部片刻，最后涂布5%碘酊。

2. 前腔静脉注射

前腔静脉位于第一肋骨与胸骨柄结合处的正前方，于右侧进行注射，针头刺入方向呈近似垂直并稍向中央及胸腔方向，刺入深度依据猪体大小而定，一般为2~6cm。

(1) 对猪采取站立保定或侧卧保定。

(2) 站立保定时，在右侧耳根至胸骨柄的边线上，距胸骨端约1~3cm处，边刺边回抽活塞观察是否回血，如果见到有回血即表明针头已刺入前腔静脉，可注入药液。

(3) 猪取仰卧保定时，固定好其前肢及头部。局部消毒后，术者持连有针头的注射器，由右侧沿第1肋骨与胸骨结合部前侧的凹陷处刺入，并且稍微斜刺向中央及胸腔方向，一边刺入一边回抽，当见到回血后即表明针头已刺入，即可徐徐注入药液。

（4）注射完毕后拔出针头，局部消毒。

（二）给牛、羊静脉注射给药

1. 颈静脉注射

（1）将牛站立保定，使其头部稍向前伸，术部进行剪毛、消毒。

（2）术者用左手压迫颈静脉的近心端（靠近胸腔入口处），或者用绳索勒紧颈下部，使静脉回流受阻而怒张。

（3）确定好注射部位后，右手持针头用力地直刺入皮肤（因牛的皮肤很厚，不易穿透，最好借助腕力猛力刺入方可成功）及血管，若见到有血液流出，表明已将针头刺入颈静脉中，再沿颈静脉走向稍微向前送入。

（4）固定好针头后，连接注射器或输液瓶的胶管，即可注入药液。

2. 尾静脉注射

（1）在近尾根的腹中线处进针，准确部位应根据动物大小不同而变化，一般距肛门10~20cm。

（2）注射时，术者必须举起牛尾巴，使它与背中线垂直，另一只手持注射器在尾腹侧中线，垂直于尾纵向进针至稍微触及尾骨。

（3）试着抽吸，若有回血，即可注射药液或采血。如果无回血，可将针稍微退出1~5mm，并再次用上述方法鉴别是否刺入。

奶牛的尾静脉穿刺适用于小剂量的给药和采血，可在很大程度上代替颈静脉穿刺法，而且尾部抽血可减轻患牛的紧张程度，避免牛吼叫和过度保定，操作简便快捷，值得推广应用。

羊的静脉注射法多在颈静脉注射，其操作方法参照马的静脉注射。

（三）给马静脉注射给药

多在马的颈静脉注射。部位在颈侧颈静脉沟的上 1/3 与中 1/3 的交界部位。

（1）将马在柱栏内站立保定，将其头部拉紧前伸并稍偏向对侧，术部剪毛、消毒。

（2）术者用左手拇指在颈静脉的近心端（靠近胸腔入口处）压迫静脉管，使其充盈、怒张。

（3）右手持注射针头，使其与皮肤呈 45°角，迅速刺入皮肤及血管内，如见回血，表明针头已准确刺入脉管；如果未见回血，可稍微前后上下移动针头，使其进入血管。

（4）针头刺入血管后，将针头后端靠近皮肤，并近似平行的将针头在血管内前送 1～2cm。

（5）术者的左手可松开颈静脉，将注射器或输液管与针头相连接，并用夹子将其固定于皮肤上，然后徐徐注射药物。

（6）注射完毕后，以酒精棉球压迫注射局部并拔出针头，再用 5%的碘酊局部消毒。

（四）给犬静脉注射给药

多在后肢外侧小隐静脉或前肢内侧头静脉进行注射，特殊情况下（犬的血液循环障碍，较小的静脉不易找到）也可在颈静脉注射。

1. 后肢外侧小隐静脉注射

（1）助手将犬侧卧保定，固定好头部。

（2）在后肢胫部下 1/3 的外侧浅表皮下找到后肢外侧小隐静脉，局部剪毛、消毒。

（3）用胶管结扎后肢股部或由助手用手紧握，此时静脉血回流受阻而使静脉管充盈、怒张。

（4）术者左手握在要注射部位的上方，右手持 5 号半注射针头沿静脉走向刺入皮下及血管，证明已刺入静脉，此时可将针头顺血管腔再刺入少许。

（5）解开结扎带或助手松开手，术者用左手固定针头，右手徐徐将药液注入。

2. 前肢内侧头静脉注射

对犬的保定及注射方法与后肢外侧小隐静脉相同，而且位于前肢内侧头静脉比后肢外侧小隐静脉更粗、更易固定，因此在犬的一般注射或取血时，经常采用头静脉。

（五）给猫静脉注射给药

常在前肢腕关节下掌中部内侧的头静脉或后肢股内侧的隐静脉进行静脉注射。

1. 前肢内侧头静脉注射

（1）将猫侧卧或伏卧保定，固定好头部，局部剪毛、消毒。

（2）助手用橡胶带扎紧或用手握紧前肢上部，使头静脉充盈怒张。

（3）术者用右手持注射针头顺静脉刺入皮下，再与血管平等刺入静脉，此时针头若有回血，助手松开手或解开橡胶带。

（4）术者将针头沿血管腔稍微前送，固定好针头，进行注射。

2. 后肢股内侧皮下隐静脉注射

后肢股内侧皮下隐静脉注射方法与犬相同。

猫静脉点滴时，以每分钟 40 滴之内为宜，否则会加重心脏负担而引起不适，如呕吐等。

二、胃管给药

如果所用水剂药物量过多、带有特殊气味，经口不易灌服时，此时一般需要使用胃管给药。

（一）牛、羊胃管给药

1. 牛胃管给药

（1）操作步骤。①将牛确实保定好。②胃管可从牛的口腔或鼻腔经咽部插入食道。经口插入时，应该先给牛戴上木质开口器；固定好头部，将胃导管涂布润滑油自开口器的孔内送入，当胃管尖端到达咽部，会感触到明显阻力，术者可轻微抽动胃管，促使其吞咽，此时随牛的吞咽动作顺势将胃管插入食道。③当通过多种方法判断后，确认胃管已插入食道才能给药。④投完药后，吹净胃导管中的药，再缓慢拔出胃管。

（2）注意事项。如果误将胃管插入到气管内而又不经过认真检查便盲目给药，则可能将药物直接灌入气管及肺内，引起异物性肺炎或窒息而死亡。

2. 羊胃管给药法

其操作方法与牛的大致相同，可参见牛的胃管给药法。

（二）猪胃管给药

可选择猪专用的胃管，经口腔插入。

1. 操作步骤

（1）首先将猪站立或侧卧保定，用开口器将口打开，或用特制的中央钻一圆孔的木棒塞入其口中将嘴撑开。

（2）然后将胃管沿圆孔向咽部插入。

（3）其后操作同牛胃管给药。

2. 注意事项

如果给猪投胃管的目的是为了导出胃内容物（如治疗急性胃扩张）或洗胃时，一定要判定胃管是否已从食道进入胃内，才可以继续操作。

（三）马胃管给药

（1）患马在六柱栏内保定，助手保定好其头部并使其头颈不要过度前伸。

（2）术者站于稍右前方，用左手握住一侧鼻端并掀起其外鼻翼，右手持涂布好润滑油的胃管，通过左手的指间沿鼻中隔徐徐插入胃管。

（3）当胃管前端抵达咽部时，术者会感觉明显阻力，此时可稍停或轻轻抽动胃管促使马的吞咽动作，并伴随其咽下动作而将胃管插入食道。

（4）当通过鉴别方法确定胃管已插入食道后，再将胃管向前送至颈部下 1/3 处，并在其外端连接漏斗即可给药。

（5）给药过程结束后，要用少量清水冲净胃管内药液，然后徐徐抽出胃管。

（四）犬胃管给药

（1）准备。犬胃管给药时，应该先准备一个金属的或硬质木料制成的纺锤形带手柄的开口器，表面要光滑，开口器的正中要有一个插胃管的小孔。再准备一个胃管（幼犬用直径 0.5~0.6cm，大犬用直径 1.0~1.5cm 的胶管或塑料管，也可用人用的 14 号导尿管代替）。

（2）保定。给药时大犬应采取坐立姿势保定，幼犬可抓住前肢并抬高，使身体呈竖直姿势。

（3）开口。助手或犬主将纺锤形的开口器放入病犬口内，任其咬紧，并将开口器两端连接的绳子系在犬头部耳后，以固定开口器。

（4）投胃管。操作方法同牛的胃管给药。

（5）给药。投好胃管后，在胃管末端接上无针芯的注射器，药液通过注射器及胃管缓缓进入胃内，投完药后，徐徐拔出胃管，这样可防止残留在胃管中的药液误入气管。

（五）胃管给药注意事项

（1）应根据动物种类的不同选择适宜口径及长度的胃导管，

目前市场上已有多种动物的特制胃管可供选择。

（2）胃管插入前要清洁干净并消毒，在其外壁涂布润滑油（液体石蜡或植物油），操作时动作要轻柔、徐缓。

（3）有明显呼吸困难的病畜不宜用胃管给药，尤其不能从鼻腔插入。有咽炎的病畜也不宜用胃导管给药。

（4）应利用多种方法去判断胃管是否已正确插入食道，确保胃导管插入正确。

（5）在插入胃管时，如果病畜出现剧烈咳嗽，不断挣扎，应立即停止插入，将胃管拉出，再重新投放；在灌药途中，如果动物骚动而使胃管脱出时应立即停止灌药，待重新插入并确定无误后再继续灌药。

（6）投完药后，要吹净胃导管中的药，缓慢地拔出胃导管。

（7）在插入胃管鼻黏膜出血时，应视情况采取相应措施。若少量出血，可以不采取措施，不久可停止；出血较多时，可以将病畜头部适当抬高，进行鼻部、额部冷敷或用大块纱布、药棉塞紧出血一侧鼻腔，从而达到止血的目的。

三、瘤胃穿刺给药

在牛羊瘤胃急性膨胀并且严重时，通过穿刺放气以缓解症状；向瘤胃内注入防腐制酵药液，可制止瘤胃内继续发酵产气。

（一）操作步骤

（1）将动物站立保定，术部剪毛、消毒；穿刺部位在左肷部，髋结节与最后肋骨边线的中点，距腰椎横突 10～12cm 处，也可选择肷部隆起最明显处穿刺。

（2）术者左手将术部皮肤稍向前移，右手将瘤胃穿刺套管针针尖对准穿刺点，向右侧肘头方向迅速刺入，即可刺入瘤胃内，继续刺入 10～12cm。

（3）固定套管，拔出针芯，用手指间歇堵住管口，缓慢放气。如果套管阻塞，可插入针芯，疏通堵塞物，切忌拔出套管。

(4) 气体排除后，为防止臌气复发，可经套管向瘤胃内注入防腐制酵药液，如 5% 克辽林液 20mL 或 1% 福尔马林液 500mL 等。

(5) 拔出套管针之时，应先插入针芯，并用力压住套管周围皮肤，拔出套管针，以免套管内污物落入腹腔或污染创道。

(6) 创口涂以碘酊消毒。

(二) 注意事项

(1) 放气速度不可过快，要间歇放气，以免发生急性脑贫血而虚脱。

(2) 整个过程要严格消毒，防止术部感染和继发腹膜炎。

(3) 在套管针刺入皮肤时，如果刺入困难可先切开术部皮肤 1cm，再将针从切口处刺入。在紧急情况下，无套管针时，也可用封闭针头、竹管等迅速穿刺放气，以抢救病畜，然后再采取抗感染等措施。

四、马盲肠穿刺给药

马属动物急性盲肠臌气时，通过穿刺放气可缓解症状；向肠腔内注入防腐制酵药液，可用于治疗马属动物盲肠膨胀。

(1) 将马骡站立保定。

(2) 穿刺部位剪毛、消毒。穿刺部位在右肷窝的中心处，即距腰椎横突约 7~9cm 处，或选在右肷窝最明显的膨胀处。

(3) 先将皮肤纵向切开 0.5~1.0cm 的小口（用封闭针头时，可不用切口），右手持肠管穿刺套管针（或封闭针头），由后上方向前下方，对准对侧肘头迅速穿透腹壁刺入盲肠内，深约 6~10cm。

(4) 然后左手固定套管，拔出针芯，气体即可自行排出。

(5) 在排气之后，为了制止肠内继续发酵产气可经套管向肠腔内注入防腐制酵剂。

(6) 拔出套管时，应将针芯插入套管内，同时用左手紧压术部皮肤，使腹膜紧贴肠壁，然后将套管针拔出。

（7）术部涂以碘酊，并用火棉胶绷带覆盖术部切口。

有些时候，当马骡左侧大结肠臌气极其明显时，也可进行结肠穿刺排气。结肠穿刺排气时，可用封闭针头或 16 号长针头，垂直于腹部臌气最明显处刺入，深达 3~5cm 即可。

五、处理药物副作用

药物副作用是指治疗剂量的药物所产生的一些与防治疾病无关的作用。副作用属药物的固有性质，一般反应较轻，是可以预知并可提前控制的，可以通过使用负效应的颉颃药减少药物的副作用。如用阿托品来解除胃肠痉挛时所引起的口干等就是副作用；又如使用隆朋时，会出现流涎或呕吐等副作用，可用阿托品来控制。

六、瓣胃注入给药

瓣胃注入给药系将药液直接注入牛的瓣胃内，以使其内容物软化的一种注射方法，它主要用于牛的瓣胃阻塞的治疗。

牛的瓣胃位于右侧第 7~10 肋间，注射部位在右侧第 9 肋间，肩关节水平线上下 2cm 范围内，略向前下方刺入。

（一）操作步骤

（1）将动物在六柱栏内站立保定，注射局部剪毛、消毒。

（2）术者立于动物右侧，手持 16~18 号针头，垂直刺入皮肤后，调整针头使其朝向对侧肘突方向刺入约 8~10cm。

（3）判断针头是否刺入瓣胃，方法是：针头连接上注射器并回抽，如果见有血液或胆汁，提示针头刺入肝脏或胆囊，可能是针头刺入点过高或其朝向上方所致，应将针头拔出，调整好朝偏下方刺入，先用注射器注入 20~50mL 生理盐水后回抽，如果见混有草屑的胃内容物，即为刺入正确。

（4）连接注射器注入所需药物。

（5）注射完毕后，迅速拔出针头，进行局部消毒。

（二）注意事项

向瓣胃内注入药物时一定要保定，对躁动不安的患畜可先肌注镇静剂后再进行注射。在注入药物时，一定要确保针头准确刺入瓣胃。

第六章 动物阉割

第一节 成年公畜的去势

一、公马去势

公马去势以 2~4 岁为宜，去势过早影响发育，去势过晚因精索过粗，易出血和引起慢性精索炎。一般以春秋季施术较好，有利于创口的愈合。常用侧卧保定或站立保定，术部按常规进行消毒，用盐酸普鲁卡因作精索内麻醉和局部直线浸润麻醉。公马去势方法较多，有开放式去势法和非开放式去势法。现介绍开放式结扎去势法。

术者站于马的腰臀侧，左手握住阴囊颈部，使阴囊皮肤紧张，充分显露睾丸轮廓，此时尽量使睾丸呈自然下垂位置，把睾丸挤向阴囊底部，固定睾丸。在阴囊底部距阴囊缝际两侧 1.5~2cm 处平行缝际切开阴囊及总鞘膜。切口长度以睾丸可以挤出为度。睾丸脱出后，术者一手固定睾丸，另一手将阴囊及总鞘膜向上推，在附睾上方找出阴囊韧带，由助手剪断。然后术者将鞘膜向深部撕开并推送，此时睾丸即下垂而不能退缩回去。于睾丸上方 6~8cm 的精索上用消毒的粗缝合线做双套结扎。为了防止结扎脱落，可用缝针带线穿过输精管与血管束之间。然后在结扎下方 1.5~2cm 处切断精索，断端涂碘酊，松开精索，在阴囊切口涂以碘酊消毒。术后加强护理，次日起每日适当牵遛半小时，减少劳役，避免出血，防止伤口感染。

二、公羊去势

公羊一般在生后4~6周去势，也可以成年去势。常用倒提保定。术者将羊两后肢提起，用两腿夹住头颈，使羊腹部向着术者倒垂，亦可采用侧卧保定，手术方法与马去势基本相同。

三、公牛去势

公牛去势方法有结扎法、挫切法、无血去势法。现仅介绍结扎法。

（一）操作步骤

1. 术前检查

役用公牛去势一般在其1~2岁较为适宜。肥育牛则在出生后3~6个月左右去势为宜。

（1）全身检查。应注意体温、脉搏、呼吸是否正常，有无全身变化，以及局部有无影响去势效果的病理变化，如有上述情况，应待恢复正常后再进行去势术。在传染病流行时，也应暂缓去势。骨软症的牛在倒牛时容易发生骨折，必须引起重视。

（2）阴囊局部检查。检查两侧睾丸是否均降入阴囊内，有无隐睾存在，是否为阴囊疝；两侧睾丸、精索与总鞘膜是否发生粘连，两侧睾丸有无增温、疼痛、增生等病埋变化。

（3）腹股沟内环检查。通过直肠检查以确定腹股沟内环的大小。内环能插入3个手指指端者，即为内环过大，去势时肠管有从腹股沟管脱出的危险。为预防肠管脱出，应进行被睾去势术。此外，还应检查鞘膜有无积水，睾丸及精索与鞘膜有无粘连等。

2. 术前准备

（1）去势前半个月左右应注射破伤风类毒素，或手术当日注射破伤风抗血清。术前12h禁饲，不限饮水。术前应对畜体进行充分刷拭。

（2）场地选择。地面清扫并喷洒清水，以免手术时尘土飞扬，污染术部。

（3）器械及保定物品准备。准备好保定绳、牛鼻钳及附属用品，如铁环、别棍、手术器械和药品等。

（4）术部清洁与消毒。家畜保定好后，对阴囊及会阴部进行彻底清洗和常规消毒，并打以尾绷带，以防牛尾污染阴囊部切口。

3. 手术

（1）麻醉。一般不麻醉，性烈公牛可用静松灵麻醉。

（2）保定。采用站立保定或倒卧保定法。

（3）固定睾丸。术者左手由后向前握住牛的阴囊颈部，将睾丸挤向阴囊底部，使阴囊皮肤紧张而平展，将睾丸固定。

（4）切开阴囊。右手持刀，在阴囊的后面或前面距阴囊缝际外侧 1cm 处，平行缝际各作一个纵向切口（也可采取横向切口），向下达阴囊底部，切口长 4~6cm（约为睾丸长度的二分之一）。由上向下一刀切开阴囊各层，使睾丸暴露于切口之外。用力挤出睾丸，使睾丸实质脱离白膜。

（5）分离阴囊鞘膜。术者左手持睾丸，右手将精索外的总鞘膜向上推移，相应地把睾丸向下牵拉，把精索拉到一定的长度，用粗缝合线做双套结扎。为了防止结扎脱落，可用缝针带线穿过输精管与血管束之间，然后再结扎。

（6）摘除睾丸。在结扎线下 1cm 处切断精索，摘除睾丸；或用刮挫法刮挫精索，使精索在最细处断裂，摘除睾丸。用同法处理另一侧睾丸。

（7）术后处理。清理术部血液，切口内撒布消炎粉，切口周围碘酊消毒，解除固定绳，协助牛站立，慢步牵遁。术后一般不需治疗，但应注意阴囊区有无明显肿胀。若阴囊切口有感染倾向，可给予广谱抗生素治疗。

（二）注意事项

动物去势后可能引起继发症，不仅影响创口的愈合，甚至造成动物死亡。下面介绍去势后的继发症及其处理。

（1）术后出血。术后出血往往由于对精索断端及阴囊壁血管止血不确实或结扎线脱落等引起。

当阴囊壁的血管出血时，血液从阴囊创口的皮肤边缘滴状流出，一般可不予治疗，不久则自然止血。

当精索内动脉出血时，则有大量血液从阴囊创口呈细线状流出。对于较轻的术后出血，可注射止血药或于阴囊内滴入0.1%肾上腺素，或填塞消毒纱布压迫止血；对于严重的术后出血，则应迅速将病畜保定好，用消毒的止血钳伸入阴囊内，直到腹股沟管内找出精索断端并将其拉出，用消毒丝线进行结扎或钳压止血。出血过多时，除用上述方法外，还应进行全身止血及补液。

（2）精索断端脱出。阉割后，如精索断端脱出，可重新在精索上部结扎，切除脱出部分；如总鞘膜脱出时，用剪刀剪去脱出部分。

（3）肠管、网膜脱出。肠管及网膜的脱出，必须进行手术整复。扩大创口，将肠管及网膜送回，闭合创口。应注意的是大家畜一旦发生肠管脱出时，预后多半不良。为了预防此并发症的发生，现在，对大家畜多应用无血去势法。

（4）阴囊及包皮炎性水肿。阴囊及包皮炎性水肿是去势后由于炎性渗出液浸润到阴囊壁和包皮，有时扩散到下腹壁的皮下。

局部肿胀严重、体温升高者，可用消毒过的手指划开去势创口，排净阴囊壁内积存的凝血块和渗出液，并配合抗生素疗法。

当包皮和阴囊部水肿严重而消散缓慢且无明显的全身症状者，可行局部乱刺后涂碘酊，并适当地加强牵遛运动以改善局部的血液循环和淋巴循环。也可静脉注射消肿灵。

(5) 厌气性蜂窝质炎。厌气性蜂窝织炎厌气性蜂窝织炎是去势后经创口感染厌气菌所引起。临床表现为阴囊部剧烈肿胀，有时波及包皮、下腹部。初期肿胀部有明显的热痛反应，但随着浸润物的增多，热痛反应逐渐消失，自切口内排出血样稀薄的渗出液。病畜精神沉郁，体温升高。治疗时，首先应将创口及阴囊侧壁作深而广阔的切开，并切除精索断端。用双氧水洗涤创口，并向创腔内疏松地填塞浸有防腐消毒液的纱布引流。配合应用强心剂、利尿剂、抗生素疗法、磺胺疗法等进行治疗。

第二节　成年母畜的阉割

一、大母猪的阉割

(一) 操作步骤

1. 术前检查

(1) 发情检查若母猪阴户充血、肿胀，跑圈不安，不喜吃食，即为发情表现。在发情期，生殖器官极度充血，不利于施术，故阉割宜在休情期进行。

(2) 检查怀孕母猪，生殖器官血流旺盛，手术易引起大出血，亦不宜施行大挑花阉割术 (母猪阉割术)。

2. 术前准备

(1) 为减轻腹内压，术前禁食半天。宜在天气晴朗而无风的日子施术，并尽量在早晨手术。

(2) 场地要打扫干净，预先消毒场地，预防术中感染。

(3) 准备专用阉割刀一把，三棱针数支，缝合线适量，5%的碘酊棉球、0.1%新洁尔灭等消毒药品适量。

3. 保定

右侧倒卧保定，背向术者，用一结实的木棒压住母猪的颈部，并用绳拴紧两后退，或由助手将两后肢拉直，并加以固定。术者站于母猪的背外侧，用右脚踩住母猪的颈侧面。也可采用倒吊保定法。

4. 手术（肷部切开法）

（1）确定手术部位。①较小或瘦弱的母猪手术部位的确定：从髋结节向腹下引一条垂线至膝前皱襞，再由此线两端即髋结节和膝前皱襞，分别向肋骨与肋软骨连接处，引两条线相交，即为肷部三角区（腹胁部），三角区的中央，即为手术部位。②较大或膘肥的母猪手术部位的确定：髋结节和膝前皱襞间垂直连线的下1/3与中1/3交界处的稍前方即为手术部位。

（2）剪毛消毒。术部剪毛，用温肥皂水清洗，再用消毒液清洗，拭干，涂擦5%碘酊，再用75%酒精脱碘。

（3）切开腹壁。采用肷部三角区的中央为切口，切开皮肤和穿透腹壁左手将术部皮肤抓起，使与猪体成平行的皱襞，或以左手拇指按定术部，右手持刀向后下方作长约3~5cm的半月形（或直线）切口。

（4）穿透腹膜。再用食指戳穿腹肌，然后食指稍向腹后移动，趁猪嚎叫时，迅速一次穿通腹膜。

（5）寻找卵巢。用右手食指伸入腹腔，沿腹壁向背侧由前向后探摸卵巢。卵巢一般位于倒数第二腰椎下方骨盆腔入口的两旁（少数位于骨盆内），当摸到一粒（蚕豆大小）滑动而比较坚硬的东西即为卵巢（此时猪会强烈挣扎和嚎叫）。

（6）钩出卵巢。用第一指节钩住卵巢系膜和输卵管（花衣和花颈），紧贴于腹壁向外将其钩出，将钩出的卵巢（花子）放在创口外。重新插入食指，通过直肠下方到对侧探摸对侧卵巢，同上法钩出。为避免卵巢在钩拉中滑脱，当食指将卵巢压定在左侧腹壁时，右手拇指同时在腹壁外侧与食指相对用力下压，加以协助。

(7) 摘（切）除卵巢。对较小母猪卵巢的摘除以拇指和食指反复捻挫子宫角与输卵管交接处，直至挫断摘出卵巢；对较大的或正在发情的和发情前后2~3d的母猪，用丝线结扎卵巢系膜，于结扎线下1cm处切除卵巢。卵巢切除后，用右手食指将子宫角送入腹腔，再沿着腹腔内壁轻轻旋转滑动几下，以便整理肠管，防止肠管脱入创口内。

(8) 缝合。将皮肤和肌肉作结节缝合；如母猪肥大，创口较长时，应将腹膜、腹横肌一起作连续缝合。清洗创口，并涂布碘酊消毒。

(9) 术后处理。最后，以一手掌轻轻压住创口，另一手提起猪的左后肢，令猪走几步，放走并注意母猪的活动情况，手术完成。

（二）注意事项

(1) 熟练掌握触摸、钩取技巧。术者要熟练左手食指或右手食指触摸卵巢和子宫角的灵敏度，以及食指钩取卵巢的技巧。

(2) 手指要沿腹壁进出。用食指伸入腹腔寻找卵巢时，要沿腹壁进入，以免受肠道干扰；在钩取卵巢时，食指尖端要沿腹壁退出，以防滑脱。

(3) 要注意整复子宫角和肠道。缝合切口之前，要注意整复子宫角和肠道，以免被切口夹住而引起后遗症。缝合切口时切勿缝上肠道。

二、阉割的继发症及其处理

(1) 刀口化脓的处理。每1~2d用生理盐水、0.1%高锰酸钾液或0.1%新洁尔灭等防腐消毒溶液冲洗患部，除去坏死组织，然后撒上青霉素粉剂，直到创口痊愈为止。如创口过大，可进行部分缝合。体温升高时，肌注青霉素或磺胺类药物。

（2）肠管及子宫角脱出的处理。术后数小时，肠管或子宫角脱出皮肤创口之外，可用生理盐水或0.1%高锰酸钾溶液洗净脱出部分，然后小心整复还纳腹腔。如肠管已发生臌气，可用手轻轻按压，使臌气消除，再行整复。创口撒上消炎粉，缝合。

（3）嵌肠的处理。母猪术后，刀口皮下发生肿胀，应进行术部消毒，并以手指插入创口，靠紧腹膜，作一圆圈检查，如发现肠管或子宫角嵌顿，应予整复；如有粘连，应先行分离后，再行整复；修理创口，撒上消炎粉，再行缝合。

（4）刀口流血不止的处理。应将子宫角取出结扎，撒上青霉素粉，缝合，同时肌注安络血，也可内服止血宁等，必要时可注射抗生素。

（5）发现创口流粪的处理。创口流粪为肠管破裂、穿孔，应用消毒溶液清洗术部，扩大创口，取出破裂的肠管，固定，用生理盐水洗净腹腔内粪便，然后缝合肠管，整复，分层缝合腹膜、腹肌及皮肤并撒入青霉素粉。为了防止感染，肌注抗生素或磺胺类药物，直至痊愈。

（6）创部被尘土污染的处理。应用生理盐水或防腐消毒液冲洗干净，并注射破伤风抗毒素以预防破伤风。

第七章　患病动物的处理

第一节　内科病处理

一、畜禽常见消化系统内科疾病的处理方法

（一）消化系统疾病的常见发病原因

消化器官疾病的原因主要是饲养管理不良。如饲料调制不当，饲料单一或精料过多，饲喂不足或过度饲喂，饲料品质不良，突然更换饲料，饮水不洁以及饱食后立即使役等。其次是气候的影响：气温骤变、受寒感冒、风雨侵袭等。此外，还常继发于各种传染病、寄生虫病和霉菌毒素中毒病。

（二）消化器官疾病处理的一般原则

对消化器官疾病的处理，一般遵循以下的原则。

（1）加强饲养管理，消除引发疾病的病因。如：饲喂合理搭配的优质饲料，不突然更换饲料，做好畜禽的防寒保暖工作，控制各种原发疾病。

（2）对症处理，缓解主要而又严重的临床症状，调整、恢复生理机能。如便秘的要润肠通便、泻下通便、灌肠通便或直肠掏结，腹泻的可以根据病情选择收敛止泻、消炎或补液，食欲减退者要健胃、兴奋胃肠或助消化。

（3）适当使用抗菌药物。消除消化道炎症，减少或避免继发感染。

（三）常见的消化系统内科疾病的诊断及处理

1. 急性胃肠炎的诊断及处理

（1）问诊。问饲养管理、饲料质量、有无长途运输或受寒等情况。如饲料腐败、变质、发霉等；青绿饲料中混有有毒植物，或其他不易消化的杂质；长途运输，受寒等，均能引起急性胃肠炎。

（2）检查。患病动物的主要症状为腹泻，全身症状较为剧重，体温升高达 40～41℃，病畜精神沉郁，食欲减退或废绝。眼结膜潮红、黄染。舌有厚苔，口臭，喜饮水。粪便常混有黏膜、假膜、血液，恶臭。腹围紧缩、间或因腹痛而不安；腹泻较久则失水严重，毛焦皮皱，衰弱无力，站立不稳，呼吸加快，四肢发凉。重者衰竭死亡。

（3）处理。①病初应轻泻、止酵，中、后期适时止泻并适当使用抗菌药物消炎，必要时可补液、强心、利尿和防止酸中毒，并给予易消化吸收的饲料。②改善饲养管理，注意饲料搭配，喂食定时定量，不喂霉败变质饲料。保持畜舍清洁、干燥，防止受寒。

2. 便秘的诊断及处理

（1）问诊。问饲喂、饮水、运动、感染疾病情况。如喂给大量粗硬难以消化的饲料或饲料中混有多量的泥沙，长期缺乏青饲料或饮水不足，突然改变饲料和饲养方法，长期舍饲缺乏运动。某些传染病和热性疾病也可继发本病。

（2）检查。患病动物的主要症状为病初精神不振，食欲减退，饮欲减少或增加，体温变化不大，排粪困难或不排粪，常作努责排粪姿势，但无粪便排出，或排出少量干硬粪球，外附白色假膜。触诊腹部有疼痛反应，呻吟或嚎叫。检查病畜，还可触到大肠内有干粪球存积。肠内充满大量积粪压迫膀胱颈可引起尿闭。腹痛病畜常表现起卧不安，腹部胀满等症状。

（3）处理。①用温肥皂水深部灌肠（怀孕母畜忌用）；灌服硫酸钠、硫酸镁或石蜡油缓泻；机体脱水、机能衰竭，可输液、强心、利尿。②饲料要粗精合理搭配，给予充足的饮水和适当运动。要补充适量的食盐和矿物质。

3. 前胃弛缓的诊断及处理

前胃弛缓是前胃机能减退，瘤胃内容物向后运转缓慢，引起消化障碍、食欲反刍减退以及全身机能紊乱的一种疾病。本病是黄牛、奶牛、肉牛的一种多发病。特别是舍饲牛群更为常见。

（1）问诊。问饲养管理、饲喂、运动、使役、感染疾病情况。如饲养管理不良，长期喂缺乏维生素的粉状饲料（如谷糠等），对胃缺乏适当的刺激，使瘤胃蠕动机能下降；或长期喂粗硬饲料（蒿秆类等）或酒糟，使瘤胃由长期兴奋状转为迟缓；运动不足、过劳或极度疲乏情况下，喂大量浓厚的精料或腐败变质的饲料等，也易引起前胃弛缓。此外，可继发于瘤胃臌胀、积食、创伤性胃炎、第三胃阻塞、胃肠炎、难产或牙齿疾病等。

（2）检查。临床检查若发现食欲减退或废绝，反刍缓慢、减少或停止；瘤胃收缩力减弱、蠕动次数减少或停止；排粪迟滞，便秘或腹泻；精神沉郁，泌乳减少，鼻镜干燥；有时继发瘤胃积食或臌胀；病久日渐消瘦，排恶臭的稀粪；疼痛，磨牙，嗳出臭气，后躯摇晃。最后极度衰弱，卧地不起，脉搏加快，头背向颈侧，呻吟，但体温一般正常，即可诊断为前胃迟缓。

（3）处理。①发病初期，先停食1~2d，但要给充足的饮水，并加入少量食盐，再给予少量容易消化的多汁饲料。②促进瘤胃内容物排出，可使用硫酸钠、硫酸镁或油类泻剂（液体石蜡或食盐）内服。③兴奋瘤胃，牛可用稀盐酸30mL、龙胆酊50mL、番木鳖酊10~30mL、酒精50mL加温水适量，混合一次灌服。④全身治疗：牛可用10%高渗盐水150~300mL，25%葡萄糖溶液250~500mL，20%安钠咖10~20mL和维生素B_1 5~

20mL，混合一次静注。⑤平时注意饲料保管，防止霉败变质。改善饲养管理，饲喂要定时定量，要给予营养丰富的饲料。舍饲期要给予充分饮水和运动。食后给予足够的休息和反刍时间，要合理使役。平时要注意牛的采食、反刍等情况（每昼夜反刍少于4次，每次反刍少于40口，即为前胃病的早期症状），以便早发现病情，及早治疗。

4. *瘤胃臌胀的诊断及处理*

瘤胃臌胀又称气胀，是反刍动物瘤胃内容物发酵产生的大量气体，使瘤胃壁迅速异常扩张的一种疾病。牛、羊均可发生。

（1）问诊。问采食、感染疾病情况。如采食大量容易发酵产气的饲料，常见的有红花草、豌豆藤、幼嫩多汁的青草、甘薯藤或采食霜露或雨后的青草等，在短时间内产生大量气体蓄积于瘤胃内而发病；或采食了有毒植物，如毒芹、斑蝥、毛茛、颠茄、闹羊花等；或继发于食道阻塞、瘤胃积食、前胃弛缓、创伤性网胃炎、胃壁及腹膜粘连等疾病，均可引起瘤胃臌胀。

（2）检查。临床检查发现发病后腹部急剧腿臌胀、右肷部显著臌起。体温一般正常，叩击瘤胃，声如鼓响。严重时，呼吸困难，心跳加快，可视黏膜发绀，后蹄踢腹，呻吟，四肢张开，甚至张口吐舌，口内流涎。时时回顾腹部，不断排尿。病至后期，精神沉郁，不愿走动，强行牵走则左右摇晃，有时突然倒地、窒息、痉挛至死等，以上症状均可诊断为瘤胃臌胀。

（3）处理。发病后迅速排除瘤胃内气体和制止发酵，可采取下列疗法：①瘤胃穿刺术，即在左侧肷窝部中央，碘伏消毒后用套管针迅速刺入，慢慢放气。②排出气体后，由套管针注入止酵药甲醛或来苏尔。内服鱼石脂等防腐制酵药。③将病畜站立于前高后低的体位，用一涂有食油或食盐的木棒，横放在病畜的口内，两头用绳固定，任其舔食，以利排出气体。同时用拳头强力按摩瘤胃，以促进气体的排出，每天3~4次，每次15~20min。④建立合理的放牧制度和饲养管理制度，春天放牧前先喂些干草，以防过多采食易产气饲草，特别是放牧于茂盛的豆科牧草地，应限制放牧时间；禁喂霉败饲料；不在雨后或带有露水、霜等的草地上放牧。

5. 瘤胃积食的诊断及处理

瘤胃积食又称宿草不转、胃食滞，是瘤胃内积滞过多的食物，使瘤胃体积增大，胃壁扩张，并引起前胃机能紊乱的一种疾病。

（1）问诊。问饲喂、运动、感染疾病情况。如长期饲喂单一饲料，而突然变换为优质适口的饲料，或因过度饥饿而贪食引起积食，也有因采食过多精料且易膨胀的饲料，如豆类、米糠、谷、麦麸、干甘薯藤等引起；畜体消瘦，消化力不强；运动不足，采食大量饲料而又饮水不足；继发于瘤胃弛缓、瓣胃阻塞、创伤性网胃炎、真胃炎和热性病等，均可引起瘤胃积食。

（2）检查。临床检查发现病初表现轻微腹痛，呻吟，四肢集于腹下或开张；拱背，摇尾或后肢踢腹或时时回视腹部，起卧不安。鼻镜干燥，食欲、反刍、嗳气相对减少，重者完全停止。腹围膨大，因瘤胃积食压迫膈肌，引起呼吸困难，眼结膜呈蓝紫色，呼吸、脉搏增数，体温一般正常。触诊瘤胃坚实，内容物呈捏粉状，按压痕迹消失缓慢，后期压迫瘤胃有痛感（瘤胃炎），叩诊瘤胃呈浊音。瘤胃蠕动音病初强盛，以后减弱或停止。直肠检查感觉粪便干硬或无粪而完全空虚，手触摸腹腔十分容易触到膨大的瘤胃。随着病情加重，病畜四肢无力，卧地不起，呈昏迷状态，如不及时治疗可因脱水、中毒、衰竭或窒息而死亡等，以上症状均可诊断为瘤胃积食。

（3）处理。①病初先绝食，并进行瘤胃按摩，每次5～10min，每隔30min按摩1次，或先灌服大量温水，再按摩。②喂给少量干草，以防止引起前胃弛缓。给予清洁饮水，少量多次，为防止胃内容物发酵，可在水中加入少量食盐。每天在左肷部按摩瘤胃3～4次，每次20～30min，以促进胃内积食活动。③胃内积食很硬时，牛可用硫酸镁或硫酸钠 400~500g、番木鳖酊 1 520mL、龙胆酊 20~50mL、鱼石脂 15~20g 加温水 5 000mL 混合溶化后，一次灌服。④如为一般原因引起的，瘤胃中气体很少，牛可用碳酸氢钠 150~350g、食醋 500mL、温水 1 000mL，先将碳酸氢钠溶解于温水灌服，隔数分钟再灌食醋，必要时隔 6h 再投药一次。⑤牛皮下注射新斯的明 0.004~0.02g 或毛果芸香碱 0.05~0.15g（有心脏病及孕畜忌用），用药前大量饮水使瘤胃内容物软化。⑥牛脱水时，静注 5%葡萄糖生理盐水 1 500~3 000mL，必要时加入 B 族维生素 5~20mL。心脏衰弱时，肌注或皮下注射 20%安钠咖 10~20mL。⑦在使用各种药物治疗无效时，可施行瘤胃切开术治疗。

6. 急性胃扩张的诊断及处理

急性胃扩张是由于采食过多和胃后送机能障碍所引起的胃壁急剧扩张。马骡多发本病。

（1）问诊。问采食、感染疾病情况。如采食大量难消化、易产气和膨胀的饲料，突然改变饲料品种和饲养方法，饱食后饮大量冷水或污秽不洁的水，过食发霉腐败饲料。或继发于小肠便秘和肠变位等过程中，均能引起急性胃扩张。

（2）检查。临床检查发现食后数小时发病。病初呈间歇性腹痛，随后腹痛迅速加剧，快步急走，个别呈犬坐姿势，出汗。呼吸急促，食欲废绝，肠音很快消失，嗳气、逆呃，个别重症的病马发生呕吐。左侧 14~17 肋间、髋结节线上微隆突，在该处可闻胃蠕动音。胃管插入可排出少量酸臭气体和液体（食滞性），或大量气体（气胀性）或液体（继发性）。胃排空试验呈排空障碍变化。直肠检查，脾脏后退；有时可摸到膨大的胃盲囊，并随呼吸运动而前后移动。多有严重脱水和电解质紊乱。严重时，有休克表现。

（3）处理。①症状急剧时先进行导胃。先抽出胃内积聚的气体和液体，然后反复洗胃，每次灌水量以 1~2L 为宜。②镇痛解痉。马可用腹痛合剂（水合氯醛 100g、樟脑 20g、95%酒精 120mL、乳酸 60mL、松节油 240mL，用时充分振荡）80～1.20mL，加水适量内服；或 5%水合氯醛酒精液 300～500mL，一次静注；或乳酸 10～20mL 或醋酸 30～60mL，加水 500mL，一次内服；或灌服常醋 500～1 000mL。③严重脱水时，应注意补液、强心。④继发性胃扩张，除及时导出胃内液体外，以治疗原发病为主。⑤平时注意禁食，专人看管，防止病马剧烈滚转造成胃、膈破裂。治愈后停喂 1d，然后逐渐正常饲养。

7. 肠阻塞的诊断及处理

肠阻塞又叫结症，是由于肠管运动机能减退，粪便滞积于肠管的某部，使肠管阻塞不通，导致急性腹痛的一种疾病。

（1）问诊。问饲喂、饮水、感染疾病情况。如长期喂单一、粗硬和含沙的饲料，或突然改变饲料，饮水不足和缺乏运动等均可引起本病。此外，还可继发急性胃扩张、肠变位和牙齿疾病等，均能引起急性胃肠炎。

（2）检查。临床检查常发现完全阻塞和不完全阻塞两种情况。①完全阻塞。小肠阻塞时，常于食后 2～3h 内突然起病，腹痛剧烈，口腔干燥，肠音减弱并很快消失，排粪很快停止，数小时内脱水、自体中毒等全身症状迅速增重并且多继发胃扩张。直肠检查可在十二指肠或回肠摸到香肠状或鸭蛋大秘结点。大肠完全阻塞，常在使役中或使役后，或上槽前突然发病，中度腹痛，逐渐加重。饮食欲废绝，口腔干燥，肠音不整、减弱，最后消失。病初排几个粪球，很快停止排粪，易继发肠臌胀。一般在病后十几小时或更长时间脱水、自体中毒等全身症状才逐渐出现。直肠检查，可在小结肠或骨盆曲或左上大结肠摸到硬固、秘结的粪块。②不完全阻塞。发病缓慢，腹痛轻微，间歇期长，呈消化不良症状，且全身症状不明显，不继发肠臌胀和胃扩张。直肠检查可在盲肠或左下大结肠或胃状膨大部摸到膨大的肠段，其中堆积大量宿粪。不完全阻塞，日久可发展为完全阻塞（如胃状膨大部便秘），其腹痛和全身症状亦随之加重。不完全阻塞由于肠管受压迫而发炎、坏死，导致肠穿孔时，全身症状急剧恶化。

（3）处理。①疏通。通常内服泻剂。马大肠完全阻塞常用硫酸钠400~500g、大黄末60~80g、松节油30mL，加水8 000~10 000mL，一次内服；或食盐300~400g、10%鱼石脂酊100mL，加温水6 000~8 000mL，一次内服。马小肠便秘常用蓖麻油500mL或液状石蜡或植物油500~1 000mL、松节油30mL，加温水500~1 000mL，一次内服。对大肠不完全阻塞用碳酸盐缓冲合剂，其处方是碳酸钠150g、碳酸氢钠250g、氯化钠100g、氯化钾20g，加常水8 000~10 000mL，一次内服，每天1次，未愈时可连服。此外，疏通肠管尚可用直肠按压、深部灌肠等。②镇静。腹痛剧烈的病马，可用30%安乃近液20~30mL，肌肉注射；或用5%水合氯醛酒精液200~300mL，静脉注射。③减压。继发胃扩张和肠臌胀时，要适时导胃和穿肠排气减压。④补液补碱。当病畜脱水或酸中毒时，要适时进行补液和补碱。⑤专人护理，腹痛不安时，可适当慢步牵遛，防止滚转。勤饮水，肠管疏通后，要禁食1~2顿，逐渐恢复正常饲养。对不完全阻塞便秘，疏通前要禁食，疏通后先喂少量青草或干草，以后逐渐加量。

二、畜禽常见呼吸系统内科疾病的处理

（一）呼吸系统内科疾病的常见发病原因

引发呼吸系统内科疾病的常见原因是：气候骤变，寒夜露宿，贼风侵袭；畜舍内环境条件不良，有害气体含量过高，空气中可吸入粉尘颗粒过多；过度使役后发汗受寒等。

（二）呼吸系统内科疾病处理的一般原则

（1）加强饲养管理。消除引发疾病的病因，如做好畜舍的

通风换气和防寒保暖工作。

（2）对症处理。缓解主要而又严重的临床症状，如使用润肺化痰、止咳平喘等药物，促进炎性产物的消散，减轻咳喘的程度。

（3）抗菌消炎。适当使用抗菌药物，可以防止继发细菌感染使病情更复杂，同时还可以减轻或消除已有的呼吸道炎症。

（三）畜禽常见呼吸系统内科疾病的诊断及处理

1. 感冒的诊断及处理

（1）问诊。问气候、畜舍情况，如有气候骤变，时冷时热，或阴雨天气，遭受寒风刺激，畜舍阴暗、潮湿，冬春时节受贼风侵袭等，均能引起感冒。

（2）检查。患病动物的主要症状为鼻流清涕，咳嗽，体温升高，眼结膜潮红，怕冷发抖，四肢末梢、耳尖发凉。食欲减退，四肢无力，走路摇摆，拱背，尾下垂。

哺乳幼畜常常出现互相挤压成堆，怕冷发抖、肌肉颤抖，被毛逆立，如不及时治疗，常可发生下痢症状。

（3）处理。①解热镇痛，可肌注10%复方氨基比林或30%安乃近，每天1~2次。②症状较重者，如高热不退等，为预防继发感染，可适当肌注青霉素、链霉素、磺胺类药或喹诺酮类等抗菌药物。③注意加强饲养管理，保持栏舍清洁、干燥，防止贼风侵袭和漏雨。在气候多变季节，要防寒保暖，要勤除粪尿，勤换垫草。

2. 支气管肺炎的诊断及处理

是支气管或细支气管与肺小叶群同时发生炎症的过程。

（1）问诊。问受寒感冒、饲养管理、感染疾病情况。如有受寒感冒；饲养管理不良、过劳等；继发于气管炎；吸入尘埃、霉菌孢子和有刺激性气体如浓烟、氨气、硫化氢等；或继发于许多传染病和寄生虫病，如流行性感冒、肺结核、口蹄疫、肺丝虫病、蛔虫病等，均能引起支气管肺炎。

（2）检查。患病动物的主要症状为精神沉郁，减食或不吃，咳嗽，流鼻液，呼吸困难，眼结膜充血或呈蓝紫色，口渴喜饮水，体温升高至40~41℃，通常呈弛张热或不定型热，脉搏增数。肺部叩诊，有痛感和咳嗽反应，呈局限性小浊音区。病变部初期肺泡呼吸音减弱，呈捻发音；后期肺泡呼吸音消失，而出现支气管呼吸音。在健康肺部，肺泡呼吸音增强。

（3）处理。①抗菌消炎。病畜体温升高，全身症状重剧时，可肌肉或静脉注射抗菌消炎类药物，每天1~2次。②对症治疗。病畜频发咳嗽，分泌物黏稠不易咳出时，可用溶解性祛痰药如氯化铵内服，促进渗出液排出；频发咳嗽，分泌物不多时，可用止咳药如咳必清或复方甘草合剂内服；呼吸困难时可肌肉注射氨茶碱等。③严防受寒感冒及刺激性气体侵袭呼吸道，改善饲养管理，防止过度劳役；及时治疗支气管炎，做好各种传染病的预防及驱虫工作。

3. 间质性肺气肿的诊断及处理

（1）问诊。问呼吸、运动、感染疾病情况。如吸入刺激性气体、肺脏异物刺伤、剧烈运动等，均能引起该病。病因多由于频繁而剧烈的咳嗽，或急速奔驰等，使肺脏内压剧增，致使细支气管和肺泡破裂，空气进入肺间质而致病。在慢性肺泡气肿或肺丝虫病时，更易引起本病发生。

（2）检查。患病动物的主要症状为突然发病，呈现呼吸困难（气喘）和不安。拒绝采食和饮水，体温正常，脉搏加快，眼结膜呈蓝紫色。肺内气体可窜入颈部和肩部皮下，形成气肿，甚至逐渐蔓延到全身皮下组织，触诊呈捻发音。肺部叩诊似鼓音，听诊肺泡呼吸音减弱，出现捻发音和破裂性啰音，若并发支气管炎时，可听到干啰音或湿啰音。

（3）处理。①让病畜安静，可用水合氯醛加米汤灌肠。咳嗽剧烈时可用水合氯醛、麻黄素、颠茄流浸膏、糖浆内服，每天1次。②皮下气肿，可施行按摩，以促进气体吸收。严重气肿部位，可用小套管针穿刺或切开皮肤放气。③注意加强饲养管理，预防受寒感冒，避免过度运动和使役。

第二节　外科病的处理

一、畜禽普通外科病的处理

（一）外科病的处理原则

1. 炎症处置的原则

从整体观念出发，改善饲养管理条件，消除病原、病因；控制症状，改变机体局部组织的反应性，促进机能的恢复。

2. 创伤处置的原则

（1）正确处理局部与全身的关系。从病畜全身出发，从处理局部着手，既要看到局部病状，又要看到全身状态。在抓紧局部处理的同时，还应注意到必要的全身性治疗。

（2）预防和制止创伤的感染和中毒。对新鲜污染创，应施行彻底的清创术，着重防止创伤感染，力争第一期愈合；对化脓性感染创，应着重于清除感染和防止中毒，加速炎性净化，促进肉芽组织新生，缩短创伤愈合时间。

（3）消除影响创伤愈合的因素。采取合理措施，创造创伤愈合的良好条件，消除不利于创伤愈合的因素，防止继发组织损伤和感染；同时加强护理，改善饲养管理条件，增强机体抵抗能力，促进创伤愈合。

（二）畜禽常见普通外科疾病的诊断及处理

1. 关节扭伤的诊断及处理

关节扭伤是关节突然受到间接外力作用，使关节超越了生理活动范围，过度伸展、屈曲或扭转而发生的关节损伤。

（1）问诊。问使役情况。如有在不平道路上重剧使役、失足蹬空、跳沟扭闪等，均能引起关节扭伤。

（2）检查。患病动物的主要症状有疼痛、跛行、局部肿胀、温热等。

（3）处理。①制止出血和渗出扭伤后，初期 1～2d 内可用局部冷水浴或压迫绷带。②促进吸收。急性炎症减轻后，可用局部温水浴，配合使用酒精鱼石脂绷带。③镇痛、消炎。注射安痛定，疼痛严重者前肢抢风穴或后肢百会穴等注射 0.5%～1%普鲁卡因溶液，患部涂擦 10%樟脑酒精等。

2. 挫伤的诊断及处理

挫伤是机体在钝性外力直接作用下，引起组织的非开放性损伤。

（1）问诊。如有被车撞、棍棒打击、跌倒等情况，均能引起挫伤。

（2）检查。临床检查若发现患部皮肤出现致伤痕迹，如被毛粗乱、脱落、擦伤等。局部溢血、肿胀、疼痛和机能障碍（跛行）。即可诊断为挫伤。

（3）处理。病初用冷水浴，制止溢血，2～3d 后改用温热疗法，促进肿胀吸收（如涂擦樟脑酒精等）。

3. 关节滑膜炎的诊断及处理

滑膜炎是关节囊滑膜层的渗出性炎症。临床上常见的有浆液性和化脓性滑膜炎。

（1）问诊。问动物肢势、蹄形、使役、感染疾病情况。如动物肢势和蹄形不正，关节发育不良或长途运输，长期在不平坦道路上行走或作业，幼畜过早使役等，均能引起关节滑膜炎。关节扭挫伤、某些传染病（如副伤寒、腺疫、布鲁氏菌病等）、代谢性疾病也可继发关节滑膜炎。

（2）检查。临床检查常发现：①急性关节滑膜炎。关节腔内蓄积浆液性或浆液纤维素性渗出液，关节囊紧张、肿胀、向外突出，触诊发热、疼痛、有波动。关节运动时疼痛明显，关节穿刺流出微黄色、透明的液体。站立时患病关节屈曲，减负体重，两肢同时发病时，则不断交替负重，运动时呈轻度或重度肢跛，或呈混合跛行。②慢性关节滑膜炎。以关节囊内蓄积浆液性渗出物为特征，机能障碍和全身反应均较轻微。关节囊高度肿胀，触诊有波动或饱满而有弹性，无热痛。穿刺关节流出多量稀薄如水的液体，无色或微黄色，又称关节积液。有时因关节积液过多，影响关节屈曲和伸展，出现轻度跛行。③化脓性关节滑膜炎。局部症状、机能障碍和全身反应比较明显，穿刺关节腔流出脓性分泌物。

（3）处理。①急性炎症初期采用冷却疗法，并装着压迫绷带或石膏绷带，同时配合封闭疗法。可的松对急性、慢性浆液性滑膜炎有良好的疗效，无菌操作抽出关节腔渗出物后，用0.5%氢化可的松2.5~5.0mL加青霉素20万IU，并与0.5%盐酸普鲁卡因作1:1稀释，然后进行关节腔内或关节周围分点皮下注射，隔日1次，连用3~4次。②急性炎症缓和后，为促进吸收，可用热疗或加装热湿性压迫绷带，如饱和硫酸镁、饱和盐水溶液湿绷带或鱼石脂酒精绷带以及石蜡泥疗法等。③慢性炎症，可涂擦刺激剂或进行热敷，加装压迫绷带。④化脓性关节滑膜炎，穿刺排脓后，注入普鲁卡因青霉素溶液，或切开关节腔后，用防腐剂反复冲洗，再注入抗菌剂，包扎绷带，为控制感染可使用大剂量抗生素。

4. 关节周围炎的诊断及处理

关节周围炎是指发生在关节滑膜层以外的纤维层、韧带及周围结缔组织的慢性纤维素性和骨化性炎症，多发生于腕关节和跗关节。

（1）问诊。经临床询问，如有患关节扭伤、挫伤、脱位等病史，关节边缘的骨膜长期受刺激，均能引起关节周围炎。

（2）检查。临床检查常发现慢性纤维素性关节周围炎和慢性骨化性关节周围炎两种情况。①慢性纤维素性关节周围炎。关节粗大、坚实、轮廓不清，无明显热痛。运动关节活动范围变小，且有疼痛。开始运动时关节强拘，随着运动量增加跛行逐渐减轻。②慢性骨化性关节周围炎。关节粗大变形，肿胀坚硬如骨，无热痛，活动性小或完全不能活动。休息时不愿卧地，卧地后起立困难，骨赘部位不定，大小不同，跛行程度也不一样。X 线检查可见骨质增生，但无关节粘连。

（3）处理。慢性纤维素性关节周围炎，应采用温热疗法、透热疗法等，并用可的松在关节周围注射；骨化性关节周围炎，可应用烧烙疗法、涂擦强刺激剂等。

5. 脓肿的诊断及处理

在任何组织或器官内形成外有脓肿膜包裹，内有脓汁潴留的局限性脓腔时称为脓肿。

（1）问诊。经临床询问常发现动物局部组织或器官内形成外有脓肿膜的包裹。该病常由葡萄球菌感染引起，其次是化脓性链球菌、大肠杆菌、绿脓杆菌和腐败性细菌。此外，当静脉内注射水合氯醛、氯化钙、高渗盐水及砷制剂等刺激性强的化学药品时，如将它们误注或漏注到静脉外也能发生脓肿。马的脓肿还可因感染马腺疫链球菌、马流产菌及囊球菌而引起。

（2）检查。临床检查常发现浅在性热性脓肿和深在性脓肿两种情况。①浅在性热性脓肿。常发生于皮下结缔组织、筋膜下及表层肌肉组织内。初期局部肿胀无明显的界限而稍高出于皮肤表面。触诊时局部温度增高，坚实有剧烈的疼痛反应。以后肿胀的界限逐渐清晰并在局部开始软化并出现波动。由于脓汁溶解表层的脓肿膜和皮肤，脓肿可自溃排脓。浅在性冷性脓肿一般发生缓慢，虽有明显的肿胀和波动感，但缺乏温热和疼痛反应或反应非常轻微。在马常见于葡萄球菌病，在牛主要是放线菌病和结核性脓肿。②深在性脓肿。常发生于深层肌肉、肌间、骨膜下、腹膜下及内脏器官。由于脓肿部位深在，外面又被覆较厚的组织，因此深层肌肉、肌间、骨膜下等处的脓肿，局部肿胀增温的症状常常见不到。但常出现皮肤及皮下结缔组织的炎性水肿。触诊时有疼痛反应并常有指压痕。

(3) 处理。①消炎、止痛及促进炎症产物消散吸收。当局部肿胀正处于急性细胞浸润阶段，可局部涂擦樟脑软膏、用醋调制的复方醋酸铅散（处方：醋酸铅 100g、明矾 50g、樟脑 20g、薄荷 10g、白陶土 820g）及其他冷疗法（如复方醋酸铅溶液冷敷，鱼石脂酒精、栀子酒精冷敷）。当炎性渗出停止后，可用温热疗法、短波透热疗法、超短波疗法。局部治疗的同时，可根据病畜的情况配合应用抗生素、磺胺类药物并采用对症疗法。②促进脓肿的成熟。当局部炎症产物已无消散吸收的可能时，局部可用鱼石脂软膏、鱼石脂樟脑软膏、超短波疗法、温热疗法等。待局部出现明显的波动时，应进行手术治疗。③手术疗法。脓肿形成后其脓汁常不能自行消散吸收，常用手术疗法包括 3 种方法。a. 脓汁抽出法。适用于关节部脓肿膜形成良好的小脓肿。其方法是利用注射器将脓肿腔内的脓汁抽出，然后用生理盐水反复冲洗脓腔，抽净腔中的液体，最后灌注混有青霉素的溶液。b. 脓肿切开法。脓肿成熟出现波动后立即切开。切口应选择波动最明显且容易排脓的部位。按手术常规对局部进行剪毛消毒后再根据情况做局部或全身麻醉。切开前为了防止脓肿内压力过大而使脓汁向外喷射，可先用粗针头将脓汁排出一部分。切开时一定要防止外科刀损伤对侧的脓肿膜。切口要有一定的长度并做纵向切口，以保证在治疗过程中脓汁能顺利地排出。c. 脓肿摘除法。常用以治疗脓肿膜完整的浅在性小脓肿。此时需注意勿刺破脓肿膜，预防新鲜手术创被脓汁污染。

6. 蜂窝织炎的诊断及处理

本病是在疏松结缔组织内发生的急性弥漫性化脓性炎症，

多发生在皮下、肌肉间、筋膜下。

(1) 问诊。经临床询问，常发现动物的疏松结缔组织内发生有急性弥漫性化脓性炎症。发病原因常由链球菌、葡萄球菌、腐败菌和厌气菌经皮肤创口感染而致。

(2) 检查。患病动物的主要症状为局部肿胀、增温、疼痛、组织坏死、化脓以及机能障碍。全身表现体温升高、精神沉郁、食欲不振，甚至引起败血症。①皮下蜂窝织炎。肿胀明显，热痛显著，化脓后有波动、脱毛，破溃后流脓。②筋膜下及肌间蜂窝织炎。肿胀不明显，触诊有痛感。炎症蔓延后局部热痛剧增，机能障碍显著，化脓，破溃后流出大量灰红色稀薄脓汁。

(3) 处理。早期冷敷，或用0.5%普鲁卡因青霉素在患部周围封闭。急性炎症缓和后改用温敷。病情较重，全身症状恶化时，手术切开排液、冲洗，然后撒布消炎药。全身治疗以抗菌消炎为原则。

7. 风湿病的诊断及处理

风湿病是主要侵害背腰、四肢肌肉、关节及其他组织器官的全身性疾病。在寒湿地区和冬春季节多发。

(1) 问诊。问动物背腰、四肢肌肉、关节及其他组织器官疼痛情况。发病原因主要是溶血性链球菌感染引起的变态反应，而机体过劳、受寒、受潮或贼风侵袭是引起本病的诱因。

(2) 检查。临床检查常发现突然发病，疼痛有转移性，易再发。①肌肉风湿。发生在活动较大的肌群。急性患部肌肉紧张、坚实、疼痛，伴有全身性症状，体温升高，食欲减退，结膜潮红；慢性患部肌肉萎缩，呈交替性跛行。②关节风湿。多发生在活动性较大的关节，呈对称性，有转移性。急性关节肿胀、增温、疼痛，关节滑膜及周围组织增生、肥厚、关节变粗，活动受限制。

(3) 处理。本病预防应注意冬季防寒，保持畜舍干燥，防止贼风等。治疗可用水杨酸制剂或可的松制剂进行静脉注射。

8. 结膜炎的诊断及处理

结膜表面或实质的炎性浸润称结膜炎。

（1）问诊。问动物眼内落入异物、感染疾病情况。如有落入灰尘、草屑、花粉、昆虫等异物病史，均能引起结膜炎，也可继发于某些传染病而成为症候性结膜炎。

（2）检查。临床检查若发现怕光、流泪、结膜潮红、肿胀、疼痛，眼睑闭合并有分泌物，即可诊断为结膜炎。

（3）处理。除去病因，用生理盐水冲洗，清除眼屎，滴入消炎眼药水（膏）。

9. 角膜炎的诊断及处理

（1）问诊。如有外力和异物的直接损伤，或是继发于细菌、病毒感染，寄生虫病和维生素 A 缺乏症，均能引起或继发角膜炎。

（2）检查。临床检查若发现怕光、流泪、疼痛，结膜潮红肿胀，眼睑闭合或半闭合，角膜周围血管充血，角膜浑浊等，即可诊断为角膜炎。

（3）处理。角膜炎治疗与结膜炎类似，为促进混浊的吸收消散，可在眼睑皮下注入自家血；滴消炎药水或药膏。

10. 腐蹄病的诊断及处理

腐蹄病是反刍兽趾间皮肤的化脓性、坏死性炎症。

（1）问诊。问圈舍、运动场、削蹄、管理情况。如有圈舍潮湿不洁，运动场泥泞，趾间皮肤长期受粪尿浸渍，弹性降低，引起龟裂、发炎；或因趾间皮肤外伤感染而引起；削蹄不及时、不合理，缺少放牧，均能引起腐蹄病。先天性蹄质软弱也易诱发本病。

（2）检查。临床检查发现病初趾间皮肤潮红、肿胀、敏感、跛行，两蹄或多蹄发病时，站立、行走困难，因运动而不断刺激患部，常蔓延至蹄冠部，引起蹄冠部蜂窝织炎。严重时侵害到腱、腱鞘、韧带，以及骨和关节。

（3）处理。①本病主要在于预防，平时保持厩舍和运动场的干燥、清洁，随时清除粪尿和污水，蹄部损伤后应立即治疗。②轻症每天用10%硫酸铜溶液浸泡蹄部，当化脓时，除去坏死组织和脓液后，用10%硫酸铜溶液或其他消毒防腐液浸泡蹄部。严重者，全身应用抗菌药物和对症治疗。

二、非开放性骨折的固定方法

四肢是以骨骼为支架、关节为枢纽，肌肉为动力进行运动的。骨折后支架丧失，不能保持正常活动。骨折复位是使异位的骨折段重新对位，重建骨骼的支架作用。时间要越早越好，力求做到一次整复正确。为了使复位顺利进行，应尽量减轻疼痛和使局部肌肉松弛。一般应在侧卧保定下，根据病畜的种类、骨折的部位和性质，选用局部浸润麻醉。

（一）非开放性骨折的复位

（1）对轻度移位的骨折整复时，可由助手将病肢远端进行适当牵引后，术者用手托压、挤按，即可使断端对齐、对正。

（2）对重度移位且骨折部肌肉强大，断端发生重叠而整复困难时，可在骨折段远、近两端稍远离处各系上一绳，远端也可用铁丝系在蹄壁周围。按“欲合先离，离而复合”的原则，先轻后重，沿着肢体纵轴作对抗牵引，然后使骨折的远侧端凑合到近侧端，根据不同变形情况，采用旋转、屈伸、托压、挤按、摇晃等手法，力求尽量使骨折恢复到原位。

（3）复位是否正确，要根据肢体外形，抚摩骨折部轮廓，特别是与健侧对比，以二蹄尖方向定位，检查病肢的长短、方向，并测量附近几个突起之间的距离，以观察移位是否已得到矫正。有条件的最好用X射线判定。

（4）粉碎性骨折和肢体上部的骨折整复时，在较多的情况下只能达到功能复位，即矫正重叠、成角、旋转，有的病例骨折端对位即使不足1/2，只要两肢长短基本相等，肢轴姿势端正，角度改变不大，大多数病畜经较长一段时间后，可逐步自然矫正而恢复功能。

(二) 非开放性骨折的固定

由于骨折的部位、类型、局部软组织损伤的程度不同，骨折端再移位的方向和倾向力也各不同，因而局部外固定的形式也应随之而异。

常用的外固定方法有夹板绷带（有时常用细绳编成帘子后应用）、小夹板、石膏绷带、水胶绷带、支架绷带、提调法、金属活动夹板等。可以因地制宜、就地取材，按具体病情，灵活的或是单用或是两种方法结合使用。例如用小夹板固定法或小夹板与石膏绷带、夹板绷带、水胶绷带等相结合，治疗四肢下部的骨折，尽可能让骨折部的上、下关节固定，不能活动。

第三节　动物尸体的运送

一、运送前的准备

(一) 设置警戒线、防虫

动物尸体和其他须被无害化处理的物品应被警戒，以防止其他人员接近，防止家养动物、野生动物及鸟类接触和携带染疫物品。如果存在昆虫传播疫病给周围易感动物带来危险，就应考虑实施昆虫控制措施。如果对染疫动物及产品的处理延迟，应用有效消毒药品彻底消毒。

(二) 工具准备

运送车辆、包装材料、消毒用品。

(三) 人员准备

工作人员应穿戴工作服、口罩、护目镜、胶鞋及手套，做好个人防护。

二、装运

（一）堵孔

装车前应将尸体各天然孔用蘸有消毒液的湿纱布、棉花严密填塞。

（二）包装

使用密闭、不泄漏、不透水的包装容器或包装材料包装动物尸体，小动物和禽类可用塑料袋盛装，运送的车厢和车底不透水，以免流出粪便、分泌物、血液等污染周围环境。

（三）注意事项

（1）箱体内的物品不能装得太满，应留下半米或更多的空间，以防肉尸的膨胀（取决于运输距离和气温）。

（2）肉尸在装运前不能被切割，运载工具应缓慢行驶，以防止溢溅。

（3）工作人员应携带有效消毒药品和必要消毒工具以及时处理路途中可能发生的溅溢。

（4）所有运载工具在装前卸后必须彻底消毒。

三、运送后消毒

在尸体停放过的地方，应用消毒液喷洒消毒。土壤地面，应铲去表层土，连同动物尸体一起运走。运送过动物尸体的用具、车辆应严格消毒。工作人员用过的手套、衣物及胶鞋等也应进行消毒。

第四节　尸体无害化处理方法

一、深埋法

掩埋法是处理动物病害肉尸的一种常用、可靠、简便的方法。

（一）选择地点

应远离居民区、水源、泄洪区、草原及交通要道，避开岩石地区，位于主导风向的下方，不影响农业生产，避开公共区域。

（二）挖坑

1. 挖掘及填埋设备

挖掘机、装卸机、推土机、平路机和反铲挖土机等，挖掘大型掩埋坑的适宜设备应是挖掘机。

2. 修建掩埋坑

（1）大小。掩埋坑的大小取决于机械、场地和所要掩埋物品的多少。

（2）深度。坑应尽可能地深（2~7m）、坑壁应垂直。

（3）宽度。坑的宽度应能让机械平稳地水平填埋处理物品，例如：如果使用推土机填埋，坑的宽度不能超过一个举臂的宽度（大约3m），否则很难从一个方向把肉尸水平地填入坑中，确定坑的适宜宽度是为了避免填埋后还不得不在坑中移动肉尸。

（4）长度。坑的长度则应由填埋物品的多少来决定。

（5）容积。估算坑的容积可参照以下参数：坑的底部必须高出地下水位至少1m，每头大型成年动物（或5头成年羊）约需1.5m^3的填埋空间，坑内填埋的肉尸和物品不能太多，掩埋物的顶部距坑面不得少于1.5m。

（三）掩埋

（1）坑底处理。在坑底洒漂白粉或生石灰，量可根据掩埋尸体的量确定（0.5~2.0kg/m^2）掩埋尸体量大的应多加，反之可少加或不加。

（2）尸体处理。动物尸体先用10%漂白粉上清液喷雾（200mL/m^2），作用2h。

（3）入坑。将处理过的动物尸体投入坑内，使之侧卧，并将污染的土层和运尸体时的有关污染物如垫草、绳索、饲料、少量的奶和其他物品等一并入坑。

（4）掩埋。先用40cm厚的土层覆盖尸体，然后再放入未分层的熟石灰或干漂白粉20～40g/m^3（2～5cm厚），然后覆土掩埋，平整地面，覆盖土层厚度不应少于1.5m。

（5）设置标识。掩埋场应标识清楚，并得到合理保护。

（6）场地检查。应对掩埋场地进行必要的检查，以便在发现渗漏或其他问题时及时采取相应措施，在场地可被重新开放载畜之前，应对无害化处理场地再次复查，以确保对牲畜的生物和生理安全。复查应在掩埋坑封闭后3个月进行。

（四）注意事项

（1）石灰或干漂白粉切忌直接覆盖在尸体上，因为在潮湿的条件下熟石灰会减缓或阻止尸体的分解。

（2）对牛、马等大型动物，可通过切开瘤胃（牛）或盲肠（马）对大型动物开膛，让腐败分解的气体逃逸，避免因尸体腐败产生的气体导致未开膛动物的鼓胀，造成坑口表面的隆起甚至尸体被挤出。对动物尸体的开膛应在坑边进行，任何情况下都不允许人到坑内去处理动物尸体。

（3）掩埋工作应在现场督察人员的指挥、控制下，严格按程序进行，所有工作人员在工作开始前必须接受培训。

二、焚烧法

焚烧法既费钱又费力，只有在不适合用掩埋法处理动物尸体时用。焚化可采用的方法有：柴堆火化、焚化炉和焚烧窖（坑）等，此处主要讲解柴堆火化法。

（一）选择地点

应远离居民区、建筑物、易燃物品，上面不能有电线、电话线，地下不能有自来水、燃气管道，周围有足够的防火带，位于主导风向的下方，避开公共视野。

（二）准备火床

1. 十字坑法

按十字形挖两条坑，其长、宽、深分别为 2.6m、0.6m，0.5m，在两坑交叉处的坑底堆放干草或木柴，坑沿横放数条粗湿木棍，将尸体放在架上，在尸体的周围及上面再放些木柴，然后在木柴上倒些柴油，并压以砖瓦或铁皮。

2. 单坑法

挖一条长、宽、深分别为 2.5m、1.5m、0.7m 的坑，将取出的土堆堵在坑沿的两侧。坑内用木柴架满，坑沿横架数条粗湿木棍，将尸体放在架上，以后处理同上法。

3. 双层坑法

先挖一条长、宽各 2m、深 0.75m 的大沟，在沟的底部再挖一长 2m、宽 1m、深 0.75m 的小沟，在小沟沟底铺以干草和木柴，两端各留出 18~20cm 的空隙，以便吸入空气，在小沟沟沿横架数条粗湿木棍，将尸体放在架上，以后处理同上法。

（三）焚烧

1. 摆放动物尸体

把尸体横放在火床上，较大的动物在底部，较小的动物放在上部，最好把尸体的背部向下、而且头尾交叉，尸体放置在火床上后，可切断动物四肢的伸肌腱，以防止在燃烧过程中，肢体的伸展。

2. 浇燃料

（1）燃料需求。燃料的种类和数量应根据当地资源而定，以下数据可作为焚化一头成年大牲畜的参考。①大木材 3 根，2.5m×100mm×75mm。②干草一捆。③小木材 35kg。④煤炭

200kg。⑤液体燃料 5L。总的燃料需要可根据一头成年牛大致相当 4 头成年猪或肥羊来估算。

(2) 浇燃料，设立点火点。当动物尸体堆放完毕、且气候条件适宜时，用柴油浇透木柴和尸体（不能使用汽油），然后再距火床 10m 处设置点火点。

3. 焚烧

用煤油浸泡的破布作引火物点火，保持火焰的持续燃烧，在必要时要及时添加燃料。

4. 焚烧后处理

(1) 焚烧结束后，掩埋燃烧后的灰烬，表面撒布消毒剂。

(2) 填土高于地面，场地及周围消毒，设立警示牌，查看。

(四) 注意事项

(1) 应注意焚烧产生的烟气对环境的污染。

(2) 点火前所有车辆、人员和其他设备都必须远离火床，点火时应顺着风向进入点火点。

(3) 进行自然焚烧时应注意安全，须远离易燃易爆物品，以免引起火灾和人员伤害。

(4) 运输器具应当消毒。

(5) 焚烧人员应做好个人防护。

(6) 焚烧工作应在现场督察人员的指挥、控制下，严格按程序进行，所有工作人员在工作开始前必须接受培训。

三、发酵法

这种方法是将尸体抛入专门的动物尸体发酵池内，利用生物热的方法将尸体发酵分解，以达到无害化处理的目的。

(一) 选择地点

选择远离住宅、动物饲养场、草原、水源及交通要道的地方。

（二）建发酵池

池为圆井形，深9~10m，直径3m，池壁及池底用不透水材料制作成（可用砖砌成后涂层水泥）。池口高出地面约30cm，池口做一个盖，盖平时落锁，池内有通气管。如有条件，可在池上修一小屋。尸体堆积于池内，当堆至距池口1.5m处时，再用另一个池。此池封闭发酵，夏季不少于2个月，冬季不少于3个月，待尸体完全腐败分解后，可以挖出做肥料，两池轮换使用。

主要参考文献

陈学风，2018. 动物疫病防治 [M]. 北京：中国农业出版社.

杜宗沛，魏冬霞，郭广福，2019. 动物疫病 [M]. 北京：中国林业出版社.

纪爱英，2018. 动物疫病防控手册 [M]. 北京：中国农业大学出版社.

李忠军，权亚玮，2018. 动物疫病净化技术 [M]. 西安：陕西科学技术出版社.

张宏伟，欧阳清芳，2019. 动物疫病 [M]. 北京：中国农业出版社.